# Untersuchungen

aus der

# Praxis der Gärungsindustrie.

Beiträge zur Lebensgeschichte der Mikroorganismen.

---

Von

## Prof. Dr. Emil Chr. Hansen,

Mitglied der Königl. Dänischen Akademie der Wissenschaften,
Vorstand des physiologischen Laboratoriums Carlsberg, Kopenhagen.

---

**II. Heft.**

München und Leipzig.
Druck und Verlag von R. Oldenbourg.
1892.

# Vorwort zum zweiten Heft.

Gleichwie die im ersten Hefte enthaltenen Abhandlungen nehmen auch die gegenwärtigen ihren Ausgangspunkt zunäckt von dem Brauwesen. Die meisten meiner Arbeiten auf diesem Gebiete conzentrieren sich, wie verschieden sie auch sein mögen, um die grofsen Fragen: Reinzucht und Behandlung der Hefe. Hierdurch treten sie gleichfalls in ein enges Verhältnis zu den übrigen Zweigen der riesenhaften Industrie, in welcher die Züchtung von Alkoholgärungspilzen eine so wichtige Rolle spielt, nämlich die Spiritus- und Prefshefefabrikation, die Trauben- und Fruchtweingärung. Die Techniker, welche sich mit den letztgenannten Fabrikationen beschäftigen, werden deshalb in meinen „Untersuchungen aus der Praxis der Gärungsindustrie" solche Erläuterungen finden, die Rücksicht sowohl auf ihre theoretischen als praktischen Arbeiten nehmen.

Indem ich meine vorliegenden Untersuchungen zugleich als „Beiträge zur Lebensgeschichte der Mikroorganismen" veröffentliche, wünsche ich damit teils das Gebiet, auf welchem diese Untersuchungen sich bewegen, genauer anzugeben, teils zu bezeichnen, dafs dieselben sich auch an die Biologen wenden. In der gegenwärtigen Sammlung gilt dies besonders von der Abhandlung über die Krankheiten in gärenden Flüssigkeiten und der daran geknüpften historischen Darstellung.

Was das dritte Heft anbelangt, kann ich mitteilen, dafs ein Teil der darin aufzunehmenden Untersuchungen zwar schon fertig ist, dafs aber doch eine längere Zeit verstreichen wird, ehe sie veröffentlicht werden können.

Carlsberg Laboratorium, Kopenhagen, im Herbste 1892.

Emil Chr. Hansen.

# Inhalt des zweiten Heftes.

# I.

## Über die gärungstechnische Analyse der Mikroorganismen der Luft und des Wassers.

### 1.

Eine der ersten gröfseren Arbeiten, die ich in Angriff nahm, als ich meine Studien über die Mikroorganismen anfing, war „Untersuchungen über die Organismen, welche zu verschiedenen Zeiten des Jahres in der Luft in und um Carlsberg sich finden und sich in Bierwürze entwickeln können". (Mitteilungen des Carlsberger Laborat. Hagerup's Buchhandl. Kopenhagen. I. Bd., 2. Heft, 1879, und 4. Heft, 1882).

Wie der Titel angibt, enthalten diese Untersuchungen Aufschlüsse über diejenigen Arten der Mikroorganismen der Luft, welche Vegetationen in Würze bilden können, und über das Auftreten derselben zu den verschiedenen Zeiten des Jahres sowohl in den Brauerei-Lokalen als im Freien. Der Frage über den Herd dieser Wesen wurde eine besondere Aufmerksamkeit zugewendet. Theoretische wie praktische Studien sind in dieser wie in mehreren meiner anderen Arbeiten eng zusammengeknüpft. Unter den theoretischen nehmen die Untersuchungen über den Kreislauf der Alkoholgärungspilze in der Natur einen hervortretenden Platz ein (siehe hierüber auch das nachfolgende Kapitel: „Woher kommen die Krankheitshefen?"); die dadurch gewonnenen Resultate haben aber andererseits auch ein praktisches Interesse, namentlich für die Bierfabrikation, indem sie über die gröfsere oder kleinere Gefahr vor Infektion, welche nach den Jahreszeiten und unter verschiedenen Verhältnissen vorhanden ist, Aufschlufs bringen. Zu denjenigen Teilen der Abhandlungen, welche hauptsächlich ein praktisches Interesse haben, gehören die Untersuchungen über die Mikroorganismen, welche in den Trebern und in der Luft in verschiedenen Brauerei-Lokalitäten sich finden.

Wie bekannt, enthalten die Treber zahlreiche Bakterien, welche saure Gärungen hervorrufen, die durch ihren Geruch sich leicht bemerkbar machen. Falls diese Bakterien mit den in die Luft aufsteigenden Dämpfen mitgerissen werden könnten, würden die Treber in den Brauereihöfen sehr gefährlich sein. Es ist daher ganz natürlich, dafs man diese Dämpfe immer mit Mifstrauen betrachtet hat. Die Versuche, welche ich auf die Aufforderung des Herrn Brauereibesitzers Kogsbölle anstellte, zeigten aber, daſs die Dämpfe nicht Bakterien mit sich führen. Wenn dagegen die Treber so ausgetrocknet werden, daſs der Wind von ihnen Staubwolken aufwirbeln kann, werden sie in hohem Grade gefährlich. In der Regel liegen sie jedoch nur eine so kurze Zeit, daſs ihre ganze Masse sich fortwährend feucht hält. Die Gefahr tritt also erst dann ein, wenn die Hauptmasse fortgeschafft ist, und kleine Reste in dünnen Schichten im Hofe zurückgeblieben sind. Falls sie dann nicht sorgsam zusammengefegt und entfernt werden, können sie Bakterienkrankheiten veranlassen[1]).

Ein praktisches Interesse haben auch die Differenzen, welche die zu derselben Zeit an verschiedenen Punkten in der Brauerei Alt-Carlsberg ausgeführten Analysen zeigten. Die reinste Luft wurde im Gärkeller gefunden. Diese rührt nicht nur von der strengen Ordnung her, welche da immer herrscht, sondern in einem noch höheren Grade von dem Umstande, daſs der Keller vermittelst einer Eismaschine mit kalter Luft versehen wird, welche auſserdem einer besonderen Reinigung in einem mit Chlornatrium gesättigten Regenbade unterworfen wird. Die Luft im Gärkeller auf Alt-Carlsberg enthielt im Durchschnitt in 1 ccm 0,0006 Keime, also 1 Keim in 1591 ccm. Ich führe diese Zahlengröſsen auf, weil ich annehme, daſs sie als ein Maſsstab bei derartigen Analysen dienen können werden, wenigstens bis man einen besseren bekommt.

Indem ich ähnliche Analysen in den Gärkellern anderer Brauereien anstellte, in welchen keine Luftreinigung stattfand, war der Unterschied ein sehr hervortretender; nicht selten enthielt die Luft hier über vier Mal so viele Keime als in dem vorerwähnten Keller. Häufig beobachtete ich auch hier Bakterien (darunter Sarcina) und wilde Hefenarten, welche sich in meinen späteren Untersuchungen als Krankheitshefen zeigten. Während dieser Studien entstand bei mir zum ersten Mal die Idee, daſs einige der

---

[1]) Ich darf es hier nicht unterlassen, auf die groſse Gefahr aufmerksam zu machen, welche die Apparate mit sich führen, welche in den späteren Jahren, namentlich in Deutschland, in mehreren Brauereien zum Trocknen der Treber aufgestellt wurden. In den Fällen, wo ich Gelegenheit hatte, die auf diese Weise getrockneten Treber zu untersuchen, zeigte es sich nämlich, daſs die Mikroorganismen darin gar nicht getötet waren; insbesondere galt dies für die Bakterien. Wenn die Brauer mit mehr Aufmerksamkeit, als dies geschehen ist, meine oben berührten Untersuchungen über das Verhalten der Treber im Brauereihofe studiert hätten, würden sie gewiſs gröſseres Bedenken getragen haben, als dies oft der Fall ist, den genannten Trockenapparat so anzubringen, daſs Kühlschiffe und Gärkeller alltäglich von dem davon ausgehenden bakterienreichen Staub infiziert werden können. Indem man die Treber trocknet, bringt man sie gerade in den Zustand, in welchem sie sehr gefährlich für den Betrieb werden. Dies alles sollte der Brauer mit in Betracht nehmen, wenn er seine Berechnung anstellt, ob er sich einen Treber-Trockenapparat zulegen soll oder nicht.

allgemeinsten und gefährlichsten Krankheiten des Bieres nicht durch Bakterien, sondern durch gewisse Saccharomyceten hervorgerufen werden, welche Idee der Ausgangspunkt meiner Forschungen in dieser Richtung wurde.

Die Versuche haben natürlich nur für die Orte, an welchen sie angestellt wurden, und nur für die damaligen Verhältnisse, absolute Giltigkeit. Im Grofsen genommen werden dieselben jedoch auch für andere ähnliche Gegenden und für andere Brauereien passen. Obschon sie in den Jahren 1878—80 ausgeführt wurden, sind sie noch jetzt die umfassendsten, welche wir auf diesem Gebiete haben, und die darin dargelegten Resultate haben von ihrer Giltigkeit nichts verloren. Auch was die von mir in diesen alten Versuchen benutzte Technik angeht, darf noch jetzt behauptet werden, dafs sie im Prinzip richtig ist. Der einzige Einwand, welcher auf unserem nunmehrigen Standpunkt dagegen erhoben werden kann, ist der, dafs man jetzt dasselbe in bequemerer Weise erreichen kann. Sollte ich im Augenblicke derartige Untersuchungen über die Mikroorganismen der Luft ausführen, würde ich ein ähnliches Verfahren anwenden wie das in dem folgenden Abschnitte über die Analyse des Wassers beschriebene.

Wie oben bemerkt, gehören diese Untersuchungen zu der Reihe meiner Schriften, welche Aufgaben aus der Praxis der Gärungsindustrie behandeln. Die Leser, welche dieselben genauer zu studieren wünschen, verweise ich auf meine Abhandlungen (Dänisch und Französisch) in den oben erwähnten Carlsberger Mitteilungen.

In den letzten Jahren haben mehrere Zymotechniker ähnliche Untersuchungen angestellt, namentlich P. Lindner in Berlin, Will in München, Grönlund und Alfred Jörgensen in Kopenhagen.

Da es nun so leicht ist, wissenschaftliche Hilfe zu erhalten, wird man künftighin in gröfseren, wohleingerichteten Brauereien es schwerlich versäumen, dann und wann Analysen der Luft vornehmen zu lassen; man wird dadurch gröfsere Klarheit über den Gang des Betriebs erlangen und zuweilen auch noch imstande sein, Unfällen vorzubeugen. Es ist namentlich der Zustand im Gärkeller, welcher in dieser Beziehung Bedeutung hat.

Ein besonderes Interesse bekommen solche Analysen, wenn man Apparate zur Reinigung der Luft in Anwendung bringt, wie dies schon vor mehreren Jahren in den Brauereien Alt- und Neu-Carlsberg geschehen ist. In der jüngsten Zeit sind es namentlich Lindes Eismaschinen und Kühlröhren, welche zu diesem Zwecke in zahlreichen Brauereien eingeführt worden sind. Wenn man nicht blindlings verfahren will, mufs man natürlich untersuchen, was dadurch erzielt wird. Es liegen jedoch, soweit ich weifs, Analysen über die Leistungsfähigkeit von Lindes Kühlröhren in der genannten Richtung noch nicht vor, sie wären aber sehr erwünscht; ich habe darum auch in meinen Vorlesungen mehrmals darauf aufmerksam gemacht und ergreife hier wieder die Gelegenheit dazu.

## 2.

Alle sind darüber einig, daſs die biologische Untersuchung des Wassers in den Brauéreien nach denselben Prinzipien vorzunehmen ist wie die Untersuchung der Luft. Auch scheint es, von selbst zu folgen, daſs bei den Züchtungsversuchen, welche die genannte Untersuchung erfordern, gerade die Flüssigkeiten, mit welchen in den Brauereien gearbeitet wird, zu benutzen sind. Über diesen letzten Punkt herrscht jedoch noch nicht vollständige Einigkeit. Namentlich gegen Ende der achtziger Jahre wurde diese Auffassung der Sache von mehreren leitenden Bakteriologen nicht geteilt. Es wurden damals allenthalben eine groſse Anzahl Untersuchungen über den Inhalt des Wassers an Mikroorganismen nach Koch's Gelatinemethode vorgenommen, nicht allein in den hygienischen, sondern auch in den zymotechnischen Laboratorien. In einer gröſseren Arbeit, die Hueppe i. J. 1887 über solche Analysen herausgab, hebt er hervor, daſs diese Methode die wichtigste sei, wenn es sich um die Lösung praktischer Aufgaben, sowohl in der Technik, als in der Hygiene, handelt. Er machte in dieser Hinsicht keinen Unterschied; die Gelatine sollte in allen Fällen angewendet werden.

Dieses muſste ich sogleich für einen groſsen Irrthum ansehen; und nachdem ich die notwendigen Versuche in dieser Richtung ausgeführt hatte, replizierte ich dagegen in einer kleinen Abhandlung, welche anfangs 1888 in der „Zeitschrift für das gesammte Brauwesen" erschien. Ich erreichte wohl dadurch, daſs Hueppe, sowie einige andere der einseitigen Fürsprecher des Gelatineverfahrens ihre Auffassung auf diesem Punkte veränderten, aber indessen hatte man sich in den meisten zymotechnischen Laboratorien dermaſsen daran gewöhnt, ausschlieſslich nach Koch's hygieïnischer Methode zu arbeiten, daſs es sehr schwierig war, in dieser Hinsicht eine Änderung zu bewirken. Meine genannte Abhandlung wurde mit Aufmerksamkeit gelesen; Wohlwollen wurde mir aber, wie dies zu erwarten stand, nicht zu teil. Auch Hueppe konnte seine Miſsstimmung gegen dieselbe nicht unterdrücken, trotzdem er im Grunde anerkannte, daſs ich Recht hatte. Merkwürdig genug wurde meine Arbeit von den meisten deutschen Bakteriologen als ein Angriff auf die Methode Koch's aufgefaſst, was sie jedoch nicht im geringsten ist; sie bezweckte nur, vor Miſsbrauch derselben zu warnen.

Als ich während meines Besuches in London i. J. 1889 einen Vortrag über diesen Gegenstand in „The Laboratory Club" hielt, wurde mir ebenfalls dort von mehreren Seiten in dieser Veranlassung Widerstand geleistet. Auch in England hatte man sich nämlich im Laufe der Jahre

an das Arbeiten nach dem hygienischen Verfahren gewöhnt, ohne vorher
zu untersuchen, ob auch wirklich auf diesem Wege die Beantwortung
der vom Brauereibetriebe gestellten Fragen zu erreichen sei. Ich habe
vorsätzlich nicht auf diese Streitigkeiten wieder eingehen wollen; denn sie
haben nicht länger hinlängliches Interesse. Seit den letzten paar Jahren
haben sich zudem immer mehrere Laboratorien in den verschiedenen Ländern mir angeschlossen. Es ist nun meine Absicht, an dieser Stelle eine
Bearbeitung meiner obberührten Abhandlungen zu geben, und hiermit
hoffe ich, diese Arbeiten abschliefsen zu können.

Die von Koch angegebene Methode zur bakteriologischen Analyse
von Trinkwasser besteht darin, dafs man 1 ccm von dem betreffenden
Wasser mit 10 ccm bei 30 º C. verflüfsigter Nährgelatine (Fleischwasser-
Pepton-Gelatine) mischt. Diese Mischung wird auf eine Platte ausgegossen
und durch eine feuchte Glocke vor fremder Infektion geschützt. Unter
Umständen benützt man nur ½ ccm oder selbst nur einen Tropfen von
dem Wasser. Die Platten werden bei Zimmertemperatur aufbewahrt
und nach 3—4 Tagen untersucht. Aus praktischen Gründen berechnet
man die Zahl der entwickelten Vegetationsflecke auf 1 ccm des untersuchten Wassers.

Wenn ein Brauer eine bakteriologische Analyse von dem Wasser
wünscht, welches er in seiner Fabrik anzuwenden gedenkt, so handelt es
sich nicht darum, zu ermitteln, welche und wie viele Mikroorganismen
überhaupt sich darin befinden, auch nicht, welche Vegetationen sich in
Gelatine oder in anderen festen Nährsubstraten mit oder ohne Fleisch-
wasser-Pepton entwickeln; das Alles hat hier kein Interesse, denn die
Fabrik arbeitet weder mit der einen noch mit der anderen dieser Substanzen. Die einfache Frage aber, welche uns gestellt wird, ist diese:
Wie verhält sich das Wasser zu der Würze und zu dem
Biere; in welchem Grade ist es reich an solchen Mikroorganismen, die sich in den oben genannten Nährlösungen
entwickeln können, und gibt es unter ihnen solche Arten,
die gefährliche Betriebsstörungen hervorrufen können?
Unsere Analyse mufs, kurz gesagt, soweit wie möglich unter den in der
Brauerei obwaltenden Verhältnissen ausgeführt werden; wir müssen also
vor Allem mit den beiden genannten Flüssigkeiten selbst arbeiten. Es
wäre auch für den Hygieniker wünschenswert, direkt experimentieren zu
können; er kann aber seine Proben nicht mit dem menschlichen Körper
selbst anstellen und mufs statt dessen sich mit künstlichen Nährsubstanzen
begnügen. Was ich hier bemerkt habe, ist so einleuchtend, dafs ich mich
eigentlich wundere, dafs es notwendig ist, daran aufmerksam zu machen.

Die Resultate dieser zymotechnischen Methode decken sich, wie es
leicht vorauszusehen ist, nicht mit denen der oben berührten hygienischen;

die Zusammenstellungen im Folgenden zeigen dieses in greifbarer Weise. Indem die Gärungsphysiologie und Gärungstechnik ihre besonderen, von denen der medizinischen Bakteriologie verschiedenen Aufgaben haben, müssen sie auch ihre eigenen Methoden ausarbeiten [1]).

Von den soeben besprochenen Gesichtspunkten geleitet, habe ich die folgenden Versuche angestellt.

Die Nährflüfsigkeiten, das Bier und die Würze, wurden jede für sich in kleine Kolben mit Baumwolleverschlufs gefüllt. Der Chamberland-kolben, welchen ich in einer früheren Abhandlung abgebildet habe, oder noch befser die Cylinderform desselben (gewöhnlich Freudenreichkolben genannt) ist namentlich zu empfehlen. Ich verwendete solche Kolben von 22 ccm Inhalt und gab in jeden ungefähr 10 ccm der Flüssigkeit. Eine gröfsere Anzahl davon wurde auf einmal im Dampfkochtopfe unter Druck sterilisiert. Dieses Verfahren ist besonders für das Bier, welches bekanntermafsen, ohne starke Veränderungen hervorzurufen, schwer zu sterilisieren ist, zu empfehlen; es gilt, wie hervorgehoben, sich so sehr wie möglich den Verhältnissen im Betriebe zu nähern. Möglicherweise könnte man noch befsere Bierpräparate erhalten, falls die Sterilisation mittels einer Filters (z. B. Chamberland's Thonröhre) ausgeführt würde und zwar mit solchen Vorrichtungen, dafs weder der Alkohol, noch die Kohlensäure entweichen könnte; die Arbeit würde aber hierdurch bedeutend schwieriger werden. Die Würze kann man selbstverständlich auch durch einfaches Kochen sterilisieren.

Von dem gewöhnlichen Kaltleitungswasser in Alt-Carlsberg wurden im September 1887 5 ccm mit 5 ccm der Nährflüfsigkeit (in der einen Reihe Bier, in der anderen Würze) gemischt. Mit je einem Tropfen (0,04 ccm) dieser beiden Mischungen wurden dann in der einen Reihe 15 Kolben, welche Bier, und in der anderen 15, welche Würze enthielten, beschickt. Die Tropfenaussaat kann man mittels einer Pipette bewerkstelligen. Das obere Ende dieser wird mit einem Kautschukschlauche verbunden, in welchen man Baumwolle anbringt, um die während des Tropfens einströmende Luft vollständig keimfrei zu machen; nachdem das Ganze sterilisiert ist, wird es in passender Weise an einem Stative festgemacht. Mittels eines Quetschhahnes reguliert man das Ausströmen. Bei allen diesen Arbeiten ist der von mir früher beschriebene Kasten zu empfehlen. Selbstverständlich ist es, dafs alle die Apparate, sowie die Nährsubstrate sterilisiert sein müssen, und dafs man dafür Sorge tragen mufs, immer mit Durchschnittsproben zu arbeiten. Das zur Aussaat in

---

[1]) Das Wort Methode ist hier in derselben Bedeutung genommen, welche es in der neueren physiologischen und chemischen Literatur bekommen hat; es werden dadurch Arbeitsverfahren, technische Einrichtungen und Kunstgriffe und nicht neue Forschungsrichtungen bezeichnet.

die Kolben verwendete Wasserquantum wird jedesmal genau gemessen, so dafs man das erhaltene Resultat auf 1 ccm umrechnen kann.

Aus derselben Wasserprobe wurde zu derselben Zeit zur Analyse nach Koch's Verfahren ½ ccm und zu einer ähnlichen Plattenkultur, wo aber statt Fleischwasser - Pepton - Gelatine Würze - Gelatine (Würze mit ca. 5% Gelatine) verwendet wurde, gleichfalls ½ ccm genommen. Aufserdem wurden auf erstarrten Gelatineplatten ohne Nährflüssigkeit eine grofse Anzahl Tropfen der oben erwähnten Mischungen von Wasser mit Würze und von Wasser mit Bier ausgesäet. Alle diese Gelatinekulturen wurden feucht gehalten und mit Glasglocken überdeckt und gleichwie die Kulturen in den Kolben in einen Thermostat bei 24—25° C. gebracht.

Der Zweck dieses Versuches war in erster Linie, genaue Aufschlüfse zu erhalten, wie die Kulturen im Bier und in der Würze im Vergleich mit den Gelatinekulturen sich verhalten würden, und dann aus den erhaltenen Resultaten zu ermitteln, welches Verfahren am besten bei Brauerei-Analysen zu verwenden sei. Die letztgenannten Gelatinekulturen wurden verwendet, weil ich zu probiren wünschte, ob es nicht auf die eine oder die andere Weise möglich wäre, auch für diese Analyse Gelatine anzuwenden. Es ist nämlich oft leichter, besonders für den weniger Geübten, mit Kulturen in Gelatine als mit Kulturen in Flüssigkeiten zu arbeiten.

Das Resultat der beschriebenen Versuchsreihe war folgendes: Nach ungefähr drei Tagen waren die beiden Kolben mit den Mischungen von 5 ccm Wasser mit 5 ccm Würze und von 5 ccm Wasser mit 5 ccm Bier trübe; sie enthielten eine sehr kräftige Bakterienvegetation und als untergeordnete Einmischung einige hefeähnliche Zellen (Pasteur's sogenannte Torula).

Nach 3—4 Tagen enthielten mehrere Tropfen auf der reinen Gelatine makroskopisch kennbare Vegetationen; solche fanden sich auch in Koch's Gelatine und in der Würzegelatine.

Nach 4—5 Tagen enthielten alle auf der reinen Gelatine ausgesäten Tropfen der Bier- und Würzemischungen deutliche Vegetationen; nur in zwei Tropfen fanden sich die oben genannten hefeähnlichen Zellen, in 3 Tropfen Schimmelpilze (Penicill. glaucum und Cladosporium), in diesen 5 Tropfen aufserdem Bakterien; alle übrigen Tropfen enthielten nur Bakterien. In den meisten Fällen hatten diese Vegetationen die Gelatine flüfsig gemacht.

Der Versuch wurde nach 14 Tagen unterbrochen. Alle Bier- und Würzekolben mit der geringen Zugabe von Wasser enthielten zu dieser Zeit noch keine Spur von Vegetation.

In Koch's Gelatine fanden sich 111 Vegetationsflecken, welches Resultat für 1 ccm Wasser berechnet 222 gibt; alle enthielten Bakterien, nur wenige der Vegetationen hatten die Gelatine verflüssigt.

Die Würzegelatine zeigte 15 Vegetationen, in 1 ccm Wasser also 30.

Als weiteres Beispiel führe ich die Resultate einer zweiten, in ganz derselben Weise wie die erste angestellte Versuchsreihe an. Die Wasserprobe wurde 3 Tage später als die vorige genommen.

Der Verlauf war ungefähr derselbe, nur war am 4. Tage ein Würzekolben von Bakterien und am 5. Tage ein anderer Würzekolben von Penicill. glaucum angegriffen.

Nach 15 Tagen waren die übrigen 13 Würzekolben noch klar, ohne Spur von Vegetation, und dasselbe war der Fall mit allen 15 Bierkolben.

Die Zahl der Vegetationen der Würzekolben, für 1 ccm berechnet, war folglich 6,6, während die der Fleischwasserpeptongelatine 1000 und die der Würzegelatine 34 waren, gleichfalls für 1 ccm des Wassers berechnet. Wie in der ersten Reihe entwickelten alle die auf der reinen Gelatine ausgesäeten Tropfen Vegetationen. Die beobachteten Mikro-organismen waren dieselben wie in der ersten Reihe.

Dasselbe Hauptresultat gaben auch einige Analysen, die während den Monaten September, Oktober und November 1887 unter meiner Anleitung von den Teilnehmern meiner gärungsphysiologischen Kurse, Herren Karneeff aus Moskau, Kukla aus Prag, Terry aus Melbourne und Wichmann aus Wien ausgeführt wurden.

Man ersieht aus allen diesen Versuchen, daſs die hygienische Methode immer einen allzu hohen Ausschlag gegeben hat, und daſs mit den Würze-Gelatinekulturen ebenso wenig zu machen ist. Während die Kulturen in Bier immer 0 und in Würze in den gleichzeitigen Reihen 0; 0; 6,6; 3; 9 Vegetationen auf 1 ccm Wasser gaben, fanden sich, wenn Koch's Nährgelatine angewendet wurde, unter den gleichen Verhältnissen und in den entsprechenden Wasserproben 100; 222; 1000; 750; ja einmal sogar 1500 in 1 ccm Wasser.

Daſs die letztgenannten Zahlen als wertlos für die Brauereianalyse zu betrachten sind, braucht nicht hervorgehoben zu werden. Ein wenig besser stellt sich die Analyse, wenn man statt Fleischwasserpeptongelatine Würzegelatine benutzt; auch in diesem Falle jedoch sind die Zahlen gar zu hoch, und sie geben uns auch keine brauchbare Auskunft. Die allermeisten der in den Gelatinekulturen entwickelten Bakterien kamen weder in dem Biere, noch in der Würze fort und haben folglich für unsere Zwecke keine Bedeutung.

Um einen Vergleich machen zu können, stellte ich alle Kulturen der oben erwähnten Versuchsreihen bei derselben Temperatur, nämlich bei 24—25° C. an. Nach der hygienischen Methode werden die Kulturen

indessen gewöhnlich bei Zimmertemperatur angestellt und die Untersuchung nach 3—4 Tagen vorgenommen. Auch wenn ich meine Versuche auf diese Weise ausführte, erhielt ich aber immer gar zu hohe
Resultate im Vergleich zu denen der Kulturen mittels der beiden Nähr-
flüssigkeiten. Das Verfahren Koch's kann folglich auch nicht
in dieser Form angewendet werden.

Könnten wir mittels der hygienischen Methode mit einiger Sicherheit feststellen, ob pathogene (Krankheit erregende) Bakterien in dem
Brauwasser zugegen waren oder nicht, würden wir sie natürlicherweise
immer neben der anderen benutzen; dies ist bekanntermaßen aber leider
noch nicht der Fall, und sie bekommt daher für unsere Zwecke höchstens
die Bedeutung als ein Mittel zur Kontrolle der Filter.

Auch bei dieser Probe kommt es aber besonders darauf an, die
Analyse auf eine solche Weise auszuführen, daß die durch einen längeren
Zeitraum und auf verschiedenen Stellen bekommenen Resultate wirklich
untereinander zu vergleichen sind. In den Lehrbüchern wird, wie gesagt,
empfohlen, das Koch'sche Verfahren so anzuwenden, daß man die
Plattenkulturen 3—4 Tage bei Zimmertemperatur stehen läßt. Hierzu
ist erstens zu bemerken, dass zu dieser Zeit in der Regel nur ein
kleiner Teil des ganzen Bakterieninhalts eine deutliche
Entwickelung gegeben hat, und diese prozentweise genommen, wird nicht in jedem Falle der Ausdruck der gesamm-
ten Bakterienmenge sein. Wünscht man eine genaue Auskunft
über den wirklichen Bakterieninhalt eines Wassers zu bekommen, muß
man die Kultur wenigstens 14 Tage fortsetzen. In einer Analyse wurde
z. B. nach 4 Tagen nur $1/10$ der Zahl von Vegetationen, welche sich
nach 10 Tagen entwickelt hatten, gefunden, und nur $1/15$ derer, welche
nach 16 Tagen vorhanden waren. Außerdem ist die Zimmertemperatur
eine sehr unbestimmte und variable Größe; einen nicht geringen Unterschied macht es z. B., ob die Kulturen bei 20° oder bei 10—5° C.
stehen. Während des Sommers wird dieselbe Analyse ein
ganz anderes Resultat geben können, als wenn sie während
des Winters ausgeführt würde. Wenn man zur Zeit des Sommers, und unter verhältnismäßig günstigen Wärmeverhältnissen bei Nacht
arbeitet, wird dieselbe Wasserprobe bei derselben Züchtung
ein bemerkbar verschiedenes Resultat geben, je nachdem
die Untersuchung der entwickelten Kolonien nach drei
oder vier Tagen ausgeführt wird. Soll also eine Komparation
stattfinden, und darauf läuft ja Alles hinaus, so muß man diese Faktoren
genauer nehmen, als es bisher gewöhnlich geschehen ist. — Eine weitere
Schwierigkeit bei den Gelatinekulturen besteht darin, daß Schimmel-
vegetationen sich am Beginn des Versuches nicht selten dermaßen aus-

breiten, dafs es unmöglich wird, die Analyse durchzuführen. Nur wenn
wir die oben berührten Verhältnisse mit in Betracht ziehen, werden wir
die Gelatinemethode mit Vorteil zur Prüfung der Leistungsfähigkeit
unserer Wasser- und Luftfilter anwenden können.

Betrachten wir die vorgehenden Untersuchungen genauer, so sehen
wir, dafs sie uns nicht blofs den Weg weisen, welchen wir zu gehen
haben, wenn es sich um die rationelle Analyse von Brauwasser handelt,
sondern dass sie uns auch Aufklärungen über mehr allgemein interessante
biologische Verhältnisse geben. Wir lernen so, dafs unter den in den
untersuchten Wasserproben zahlreich anwesenden Bakterien
nur äufserst wenige die Würze und gar keine das Bier angegriffen haben. Es folgt von selbst, dafs andere Wasserproben
ein anderes Resultat geben können; eine Hauptregel scheint aber darin
zu liegen.

Da jeder von den auf der reinen Gelatine gesäeten Tropfen, halb
Wasser, halb Nährflüssigkeit, eine kräftige Vegetation gab, so können wir
davon mit Sicherheit schliefsen, dafs auch alle Würze- und Bierkolben,
welche mit ganz ähnlichen Tropfen beschickt wurden, lebenskräftige
Keime empfangen haben. Bei direkter Untersuchung wurde es für die
zwei oben genauer beschriebenen Versuchsreihen festgestellt, dafs die
Aussaat in jedem Kolben sogar in mehreren Fällen 60, häufig 20 und
niemals weniger als 4 Bakterien enthielt; die meisten dieser Keime kamen
also in den beiden Flüssigkeiten nicht zur Entwickelung. Indem einige
der Würzekolben Bakterien-Vegetationen entwickelten, nehme ich an,
dafs einige unter der grofsen Anzahl von Bakterien des Wassers zu
solchen Arten gehörten, welche die Würze angreifen können. Dieses
zeigte sich deutlich in den Fällen, wo die Vegetation eines Würzekolbens
nur von einer einzigen Bakterienart gebildet war. Wenn Spuren einer
solchen Reinkultur in andere Würzekolben überführt wurden, riefen sie,
wie zu erwarten war, auch hier schnell Bakterientrübung hervor; das
Bier aber wurde niemals von ihnen angegriffen. Bakterien, welche das
Bier angreifen können, dürften im Wasser überhaupt selten sein.

Sobald aber diese Flüssigkeiten stark verdünnt wurden, entwickelten
sich in der Regel sehr kräftig die in ihnen ausgesäeten Mikroorganismen.
Sowohl die Mischungskolben wie die Tropfenaussaat auf den Gelatineplatten zeigen uns schon dies und noch deutlicher specielle Versuche,
die ich in dieser Richtung anstellte. Nicht nur die Würze, sondern auch
das Bier hatten unter diesen Umständen ihre alte Widerstandskraft verloren; sie sind in dem verdünnten Zustande aber auch nicht länger das,
was man sich in der Brauerei unter Bier und Würze denkt. Bei der
Untersuchung der Kolben darf man nicht vergessen, dafs es Bakterien
gibt, die sich in Würze und besonders im Bier entwickeln können, ohne

Trübung hervorzurufen; hierher gehören z. B. die von mir vor einigen Jahren beschriebenen Efsigsäurebakterien.

Um die Frage über die Desinfektionskraft der genannten Flüssigkeiten den Wasserbakterien gegenüber näher zu studieren, stellte ich einige besondere Untersuchungen an. Von den bakterienreichen Mischungskolben wurde etwas in einen anderen Kolben mit sterilisirtem Wasser übertragen. Das Wasser wurde hierdurch ganz trübe. Von dieser neuen Mischung wurde je ein Tropfen in eine Reihe der obenbeschriebenen Bier- und Würzekolben eingeführt. Nachdem sie tüchtig geschüttelt und folglich dadurch zugleich gelüftet waren, wurden sie bei 24—25° C. hingestellt.

Nach kurzer Zeit war die Flüssigkeit in allen klar wie vor der Aussaat; aber nach zwei Tagen waren fast alle Würzekolben ganz trübe von sehr kräftig entwickelten Bakterienvegetationen. Die Bierkolben dagegen waren noch nach 16 Tagen fortwährend klar ohne Spur irgend einer Vegetation, und doch hatte, wie gesagt, jeder von ihnen ganz ebenso wie die Würzekolben grofse Mengen lebenskräftiger Bakterien, wenigstens zu Hunderten, empfangen.

Aehnliche Versuche und mit demselben Resultate wurden mit Bakterien, von den Tropfenaussaaten auf Gelatine herrührend, angestellt. Hieraus geht also zuerst die recht interessante Thatsache hervor, dafs die Bakterien des untersuchten Wassers, auch nicht, wenn sie in grofser Menge eingeführt wurden, sich im Bier entwickeln konnten. Was nun die Würze angeht, so bin ich, wenn ich die oben besprochenen Resultate beachte, zu der Ansicht geneigt, dafs die Infektionen nicht durch das reiche Vorhandensein der Wasserbakterien hervorgerufen wurden, sondern vielmehr dadurch, dafs einige derjenigen Arten anwesend waren, welche das specielle Vermögen haben, die genannte Flüssigkeit auch in unverdünntem Zustande angreifen zu können, — wir werden diese Arten Würze-Bakterien nennen.

Mich auf diese Beobachtungen stützend, habe ich bei der Analyse des Alt-Carlsberger-Wassers die folgende Methode in Anwendung gebracht:

In der vorher beschriebenen Weise wurden 15 Bier- und 15 Würzekolben jeder mit einem Tropfen Wasser (0,04 ccm) und 10 Kolben jeder Sorte, jeder mit ¼ ccm Wasser beschickt, darnach geschüttelt und 14 Tage bei 24 bis 25° C. stehen gelassen. Das Bier, welches in diesen Kolben gebracht wurde, war untergäriges Lagerbier, und die Würze war von der Art, welche in den Brauereien zur Herstellung von solchem Bier benutzt wird (ca. 14% Ball.).

Eine Analyse nach dieser Methode im November ausgeführt, zeigte, dafs 1 ccm des Wassers nur 1,3 Würzebakterien- und 1,3 Schimmelpilzvegetation enthielt, also 2,6 Vegetationen in allem. Andere Vegetationen traten nicht hervor, und das Bier wurde gar nicht angegriffen. Beziehen wir diese Resultate auf die Praxis, so werden wir also in solchen Fällen zu einem Hektoliter Bier 2½ l Wasser geben können, ohne eine Bakterienvegetation hervorzurufen.

Im Dezember 1887 gab 1 ccm Wasser in einer Plattenkultur mit Würzegelatine 38 Bakterienflecken, während 2¼ ccm von eben derselben Wasserprobe, welche auf 9 der vorerwähnten Kolben mit Würze verteilt wurden, gar keine Bakterienentwickelung gaben, sondern dagegen eine Schimmelvegetation. Der Versuch wurde auf dieselbe Weise, wie die früheren, angestellt. Gleichwie diese belehrte uns aber auch der letzterwähnte Versuch, daſs die zwei Methoden Resultate geben, welche gar nicht übereinstimmen.

In den Fällen, wo eine Probe angestellt wurde, zeigte es sich, daſs man 1 ccm Wasser zu 10 ccm des Bieres setzen konnte, ohne daſs irgend eine andere Vegetation als Schimmelpilze und Pasteur's sogenannte Torula hervorkam, und nicht selten blieb jede Vegetation aus. Dieses wird also mit anderen Worten sagen, daſs die Zugabe von 1 ccm Wasser zu 10 ccm Bier nicht hinlänglich war, um die Desinfektionskraft des Bieres den im Wasser befindlichen Bakterien gegenüber aufzuheben; denn keine von diesen kamen in dem so verdünnten Biere zur Entwickelung.

Es ist selbstverständlich zu empfehlen, eine mikroskopische Untersuchung jeder der in den Kolben entwickelten Vegetationen auszuführen· In mehreren Fällen wird zugleich Veranlassung sein, besondere Züchtungsversuche vorzunehmen, um zu erfahren, in welchem Grade die Arten gefährlich sind.

Alle die Proben haben uns gezeigt, daſs die Gelatinemethode uns viel höhere Zahlen gibt, als die brauereitechnische Methode, und dieses gilt sowohl für Würzegelatine wie für Fleischwasserpeptongelatine. Wir haben ferner ersehen, daſs kein bestimmtes Verhältnis besteht zwischen den Zahlen, welche wir bei Anwendung der beiden Methoden erhalten; wir können daher nichts von der einen auf die andere schlieſsen. Und was nun diese zahlreichen Kolonien angeht, welche sich in den Gelatinekulturen entwickeln, so stehen wir hier der traurigen Wahrheit gegenüber, daſs wir, selbst wenn wir jede einzelne von ihnen einer gründlichen mikroskopischen Untersuchung unterziehen, doch nicht imstande sind, zu entscheiden, ob sie Vegetationen, welche die Würze und das Bier anzugreifen vermögen, enthalten oder nicht. Um eine Beantwortung dieser Frage zu erlangen, und darauf läuft ja alles hinaus, müssen wir Züchtungsversuche in diesen Flüssigkeiten selbst vornehmen.

Ein weiterer wesentlicher Einwand gegen die Anwendung von Gelatinen ist der, daſs einige der Mikroorganismen, welche gerade die gröſste praktische Bedeutung für unsere

Analyse haben, sich oft gar nicht darin entwickeln. Dieses gilt z. B. von Essigsäurebakterien, Saccharomyceten und anderen Alkoholgärungspilzen. Durch direkte Versuche mit mehreren hierhergehörenden Arten habe ich erfahren, dafs sie in dem abgeschwächten Zustande, in dem sie im Staub der Luft, in der Erde und im Wasser vorkommen können, in den vorerwähnten Nährgelatinen sich entweder gar nicht entwickeln oder nur eine spärliche Vegetation darin geben, während dagegen ähnliche Zellen von eben denselben Proben eine kräftige Entwickelung gaben, wenn sie in den beschriebenen Kolben mit Würze gesäet wurden. Dasselbe wird wahrscheinlicherweise auch von mehreren anderen Arten gelten als denjenigen, welche geprüft wurden.

Wir haben oben ersehen, dass 1 ccm von einer Wasserprobe in Koch's Plattenkultur uns 1500 Vegetationen gab, während 1 ccm von eben derselben Wasserprobe uns kaum 10 gab, wenn wir statt der Gelatine unsere Kolben mit Würze zur Züchtung anwendeten. Obschon die brauereitechnische Methode uns also verhältnismäfsig sehr kleine Zahlengröfsen gibt, sind doch auch diese zu hoch. Ich werde dieses näher begründen.

Die Bakterien z. B., welche sich in unseren Kolben entwickeln, werden hier jede für sich unter besonders günstigen Verhältnissen gezüchtet und dem hemmenden Einflufs der Konkurrenz entzogen; falls wir dieselben in eine Portion der gärenden Würze aus den Gärbottichen der Brauerei eingeführt hätten, würde eine grofse Menge von ihnen unterdrückt worden sein. Bei meinen Versuchen mit Torula und anderen Arten von Alkoholgärungspilzen habe ich häufig Gelegenheit gehabt, zu erfahren, dafs Arten, welche, wenn sie in der Würze sich allein befanden, Bier von einem sehr unangenehmen Geschmack hervorbrachten, dessenungeachtet unter den praktischen Verhältnissen im grofsen Betriebe sich als ganz unschädlich erzeigten, indem sie nämlich in der Konkurrenz mit der guten Bierhefe vollständig unterdrückt wurden. Da die erhaltenen Zahlen trotzdem klein sind, hat der Fehler, welchen wir begehen, indem wir auch die letzterwähnten Organismen unter die schädlichen rechnen, indessen nicht viel zu sagen. Dieses gilt jedenfalls von den in dem Vorgehenden besprochenen Analysen. Den im Betriebe obwaltenden praktischen Verhältnissen etwas näher kommen wir, wenn wir die folgende Gruppierung vornehmen. Diejenigen Kolben, in welchen nur Schimmelpilze sich entwickeln, werden für sich abgesondert; denn sie haben nur für die Mälzerei Bedeutung. Ich kenne jedenfalls kein Beispiel davon, dafs zu dieser Abteilung der Mikroorganismen gehörende Arten Krankheiten im Biere hervorgerufen haben. Die übrigen infizierten Kolben werden wieder in zwei Gruppen geteilt; zu der einen führen wir diejenigen hin, in denen die Vegetation schnell hervortrat; zu der anderen aber jene, in welchen dieses erst nach mehrtägigem Stehenlassen (z. B. nach fünf Tagen und darüber) geschah. Da die Keime in den letztgenannnten Kolben sich so langsam entwickelt haben, haben wir durchaus Grund, zu meinen, daß sie gar nicht zur Entwickelung gekommen sein würden, wenn sie von Anfang an in die Gärbottiche oder in die Lagerfässer eingeführt worden wären. Es ist mithin nur in derjenigen Gruppe unserer Kulturen, in welcher die Vegetation schnell hervortrat, daß wir die für das Bier gefährlichen Bakterien und wilden Hefenarten zu suchen haben. Hierdurch werden die gefundenen Zahlen noch kleiner, und wir nähern uns, wie gesagt, noch mehr den praktischen Verhältnissen, wie sie in den Brauereien wirklich statthaben. Dieselben gänzlich nachzubilden, würde natürlich das Ideal sein, läßt sich aber nicht thun. Wir müssen uns damit begnügen, diesem Ziele so nahe gekommen zu sein, wie dies wirklich der Fall ist. Die Frage über die Einwirkung der Konkurrenz stellt sich natürlich auch etwas verschieden, nicht nur nach den verschiedenen Verfahren, nach denen die Brauereien arbeiten, sondern auch nach der im Laufe des Jahres wechselnden chemischen Zusammensetzung der Würze in derselben Brauerei.

Trotz aller dieser Beschränkungen gibt die beschriebene Analyse uns jedoch wertvolle Aufklärungen und zwar, wie wir gesehen haben, von solcher Art, wie wir sie nur auf diesem Wege erreichen können. Von Wichtigkeit ist es hier, zu bemerken, daß wir durch die Züchtung in unseren Kolben mit Würze Vegetationen erhalten können von allen Mikroorganismen, von welchen wir bis jetzt mit Sicherheit wissen, daß sie Krankheiten im Bier erregen. Von diesen Krankheits-Mikroorganismen gibt es dagegen, wie wir schon gehört haben, mehrere, die sich gar nicht entwickeln, wenn wir sie im Bier selbst säen. Wenn sie sich bemerkbar machen und die Krankheitserscheinungen hervorrufen sollen, müssen sie in die gärende Würze eingeführt werden. Aus diesem Grunde bekommt somit die Züchtung im Biere geringere Bedeutung für unsere Analysen, und die Züchtung in der Würze wird durchaus die wichtigste.

Wenn wir die beschriebene Methode mit Sorgfalt anwenden, werden wir also dadurch imstande sein, die Feinde zu entdecken, welche unter den mit der Luft und dem Wasser in die Fabrik eingeführten mikroskopischen Wesen etwa zugegen sind. Der Fehler, welchen zu begehen wir Gefahr laufen, ist, wie schon mehrmals hervorgehoben, der, den untersuchten Proben der Luft und des Wassers einen etwas zu schlechten Charakter zu geben.

Es gibt in der Brauerei zwei Punkte, wo kaltes Wasser in einem großen Maßstabe gebraucht wird, ohne doch in direkte Berührung mit der Würze oder dem Biere zu kommen. Ich denke hier an die Hefe-wannen im Gärkeller und an das Weichwasser in der Mälzerei.

Es ist ein häufiges Verfahren, die entwässerte Hefe mit kaltem Wasser in den Wannen bedeckt stehen zu lassen. In einigen Brauereien gibt man Eisstücke direkt in die Hefemasse hinein, in anderen ist man vorsichtiger und bringt das Eis in den Deckel der Wanne an; unter allen Umständen sorgt man dafür, eine niedrige Temperatur herzustellen. Falls dies nicht geschähe, würden wahrscheinlicherweise auch die meisten Arten der Wasserbakterien einen günstigen Nährboden an der Hefe-masse finden. In der Regel steht die Hefe unter den genannten Ver-hältnissen nur 12—24 Stunden, selten 48 Stunden. Wenn sie in die Wanne mit dem kalten Wasser kommt, hat die ganze Masse ca. 10° C.; aber nachdem der Deckel mit dem Eise angebracht ist, sinkt die Tem-peratur binnen einigen wenigen Stunden bis ca. 6° C.

Ich habe mehrmals und bei verschiedenen Jahreszeiten eine solche Hefe untersucht, aber niemals fand ich, wenn hinlänglich für die Eis-abkühlung gesorgt war, daß die Bakterien darin sich in bemerkbarer Weise vermehrt hätten. Und sobald die Hefe in die Würze geführt wird, stellt sich, wie wir soeben gelernt haben, die Wirksamkeit der meisten Bakterien des Wassers vollständig ein. Es wird also nichts zu sagen haben, wenn solche Arten sogar in ziemlich hohem Grade sich in der zwischen den Hefezellen befindlichen Schleimmasse vermehren. Diese bietet nämlich einen günstigen Nährboden für die Entwickelung der weit-aus überwiegenden Mehrzahl von Bakterien dar. Daß wir auch auf diesem Punkte des Betriebes die Vermehrung der Bakterien, welche nur Schaden thun können, fürchten, ist selbstverständlich. In dem Vorher-gehenden haben wir diese letztgenannten Arten mit einem gemeinsamen Namen Würze-Bakterien benannt. Wenn solche in dem Wasser, welches mit der Hefe in Berührung kommt, zugegen sind, werden sie sich in der Regel, gleichwie die Wasserbakterien, vermehren, namentlich wenn man die Hefemasse einer zu hohen Temperatur ausgesetzt hat. Da die Würze-bakterien aber im Wasser nicht häufig zu sein scheinen (dies galt wenig-stens von den von mir untersuchten Proben), so wird die Gefahr auf diesem Punkte unter gewöhnlichen Brauereiverhältnissen gewiß keine sehr große sein. In der Regel wird die Hefe selbst von der letzten Gärung in der Würze einige Würzebakterien mit sich bringen. Während der kräftigen Alkoholgärung in den Gärbottichen können diese nicht zur Entwickelung kommen, aber dieses wird in den Hefewannen stattfinden, sobald man die Abkühlung versäumt. Ich bin deshalb zu der Ansicht geneigt, daß die Hefe selbst in der Regel größere Gefahren auf diesem Punkte mit sich führt als das Wasser. Sicher ist es jeden-falls, daß man es nicht genau genug überwachen kann, daß die Hefe in den Zwischenräumen, in welchen sie nicht in Wirksamkeit in den Gärbottichen ist, eine niedrige Temperatur hat. Dieses ist hier die Hauptsache. Dafs steriles Wasser jedoch auch zur Entwässerung der Hefe vorzuziehen ist, brauche ich kaum hervorzuheben, obwohl ich, wie bemerkt, der Ansicht bin, dafs es in der Regel nicht notwendig sein wird.

Ich habe auch nicht speziell Rücksicht auf die Mälzerei genommen, und zwar defshalb, weil ich der Meinung bin, dafs es überflüssig sein dürfte. Die Gerstenkörner haben nämlich schon an ihrer Oberfläche einen Reichtum von Bakterien und anderen Mikroorganismen, ehe sie in Berührung mit dem Weichwasser kommen; ein Mehr oder Weniger, wie gewöhnliches Wasser es mit sich bringen kann, wird daher in diesem Falle schwerlich Bedeutung haben können. Hauptsächlich sind es ja auch die Schimmelpilze, die in der Mälzerei gefürchtet sind, und sie werden sich auch in den zur Analyse verwendeten Bier- und Würzekolben entwickeln, falls sie sich in den untersuchten Wasserproben befinden.

Die bakteriologische Wasseranalyse ist noch immer in Entwickelung begriffen und hat bisher zwar keine grofsen praktischen Resultate aufweisen können, doch ist es zweifelsohne richtig, sie nicht zu vernachläfsigen. Wir dürfen hier aber nicht vergessen, dafs das Resultat, welches eine Analyse einer einzelnen Probe uns gibt, nur einen sehr bedingten Wert hat; denn wir erhalten dadurch nur Aufklärung über das Wasser zu der Zeit, wo die Probe genommen wurde. Grofsen Schwankungen ist aber die Beschaffenheit ein und desselben Wassers unterworfen, je nach der Jahreszeit, ja je nach den Stunden des Tages; und wo es, wie in den meisten Brauereien, in grofse Behälter aufgepumpt wird, kommt es auch viel darauf an, ob man die Probe kurz vor oder nach der Reinigung des Behälters nimmt u. s. w. Wünschen wir also etwas Genaueres über die Beschaffenheit eines Wassers zu wissen, müssen wir eine gröfsere Reihe von Analysen und zwar innerhalb eines gröfseren Zeitraumes verteilt ausführen.

Meine zymotechnischen Untersuchungen über die Mikroorganismen der Luft und des Wassers sind wohl mit besonderer Rücksicht auf die in den Untergärungs-Brauereien vorhandenen Verhältnisse ausgeführt, aber in den grofsen Zügen werden die Resultate auch für diejenigen Fabriken, welche die Obergärung anwenden, Giltigkeit haben.

Seitdem ich i. J. 1887—89 die vorstehenden Untersuchungen über Brauereiwasser veröffentlichte, sind in verschiedenen Zeitschriften mehrere Mitteilungen erschienen, die in derselben Richtung gehen; hierzu gehören gleichfalls Holms „Biologische und gärungstechnische Analysen des Brauwassers" in den Mitteilungen des Carlsberger-Laboratoriums III. Bd. 2. Heft 1892. Es ist wohl auch schwerlich länger ein Zymotechniker, welcher die Anwendung von Fleischwasserpeptongelatine zu Analysen von Wasser empfehlen würde, wenn die Frage gestellt wird, ob dasselbe zu Brauereizwecken gut ist oder nicht. Insoweit ist meine vorliegende Arbeit also nicht umsonst gewesen.

Juli 1892.

### Nachschrift.

Nachdem die vorstehende Abhandlung schon längst in der Druckerei war, erschien Dr. Wichmann's „Biologische Untersuchungen des Wassers für Brauereizwecke" in den „Mitteilungen der österr. Versuchs-Station, V. Heft." Wien 1892. Wichmann hebt darin die Bedeutung hervor, welche es hat, die Zeit, in welcher die Zerstörung der Probeflüssigkeit eintritt, bei der Beurteilung zu berücksichtigen. In meiner ersten Abhandlung von 1888 hatte ich dieses Moment nicht in die Analyse hineingezogen; später aber ist dies geschehen. Angaben darüber finden sich nicht nur in meiner oben stehenden Abhandlung, sondern sind zugleich nach meinen Vorlesungen schon in Jörgensen's „Die Mikroorganismen der Gärungsindustrie" 3. Ausg. S. 45, sowie in Holm's oben erwähnte Abhandlung aufgenommen worden.

Dr. Wichmann hat also dieselbe Idee wie ich gehabt; er hat sie aufserdem in selbständiger Weise durchgearbeitet. Ich ergreife mit Freude die Gelegenheit, die Aufmerksamkeit auf seine verdienstvollen Untersuchungen hinzulenken.

---

### II.

# Was ist die reine Hefe Pasteur's?

#### Eine experimentelle Untersuchung.[1]

#### 1.

Bei den physiologischen Experimenten, welche ich in den Jahren 1879 und 1880 mit Saccharomyces apiculatus ausführte, stellte ich noch die notwendigen Reinkulturen nach den in Pasteur's „Études sur la bière" angegebenen Prinzipien her. Über das Verfahren selbst teilte ich

---

[1] Obzwar der Inhalt der gegenwärtigen Abhandlung hauptsächlich theoretischer Natur ist, habe ich doch geglaubt, dieselbe in meinen gesammelten Schriften über die Praxis der Gärungsindustrie aufnehmen zu sollen. Es sind zwei Gründe, welche mich dazu bewogen: Erstens ist ein grofses praktisches Interesse an die hier behandelte Hauptfrage, nämlich die Frage, was unter einer reinen Brauereihefe zu verstehen sei, geknüpft; und zweitens haben die Resultate, welche meine Untersuchungen über den Einflufs, welchen eine Behandlung mit Weinsäure auf die Brauereihefe ausübt, gebracht haben, eine direkte praktische Bedeutung.

folgendes mit[1]): „In einer gröfseren Anzahl Kochflaschen mit sterilisierter
Würze als Nährflüssigkeit werden Früchte angebracht, von denen man
von vornherein vermutet, dafs Saccharomyces apiculatus sich darauf befindet, jedoch nur eine Frucht in jeder Flasche, und es werden ferner
nur solche gewählt, deren Oberfläche nicht mit Schimmelpilzen be-
wachsen oder zu unrein ist, was das Auge mit ein wenig Übung schnell
entdeckt. Eine oder mehrere dieser Flaschen enthält in der Regel nach
ein paar Tagen eine üppige und ziemlich reine Vegetation des gewünschten Hefepilzes. Ob Bakterien da sind oder nicht, hat geringere
Bedeutung; denn über diese wird man gewöhnlich ziemlich leicht durch
Kultur in sauren Flüssigkeiten Herr werden. Schwieriger stellt sich die
Sache, wenn zugleich mit Saccharomyces apiculatus auch andere Hefen-
oder Schimmelpilze auftreten. In solchen Fällen wird es am richtigsten
sein, von dem Versuch sogleich abzustehen und wieder von vorn anzufangen. Hat man auf die beschriebene Weise eine brauchbare Kultur
erhalten, so wird diese zur Infektion eines Pasteur'schen zweihalsigen
Kolbens, welcher sterilisierte Würze mit ein wenig Weinsäure enthält,
benutzt. Nach ein paar Tagen ist die Gärung im Gang, und die alte
Nährflüssigkeit wird nun von der Hefe, die auf dem Boden des Kolbens
liegt, abgegossen, wonach neue Flüssigkeit derselben Art zugesetzt wird,
Alles mit gehöriger Vorsicht, damit Organismen von aufsen her nicht
eindringen. Wenn man diese Operation einige Male wiederholt, kann man
zuletzt eine vollständige Reinkultur erhalten." — Ungeachtet der Unvoll-
kommenheit der Methode konnte ich mich mit einer solchen Sicherheit
äufsern, weil die genannte Art in mehreren Beziehungen sehr charakteristische Kennzeichen darbietet. Sie ist nämlich eine der wenigen Hefenarten, welche wir wegen der eigentümlichen Form der Zellen durch eine
einfache mikroskopische Untersuchung bestimmen können; hierzu kommt
noch, dafs sie auch in physiologischer Beziehung mehrfach eigentümlich
ist. Wenn man mit dieser Art arbeitet, ist es überhaupt möglich, auf
einer jeden Stufe des Versuches eine Kontrolle auszuführen, wodurch man
entscheiden kann, ob eine Reinkultur vorhanden ist oder nicht. Nichts
von diesem Allen gilt von Hefenzellen mit endogener Sporenbildung, den
echten Saccharomyceten[2]), und eben diese wünschte ich wegen ihrer
grofsen theoretischen und praktischen Bedeutung einem eingehenden Studium zu unterziehen. Auf diesem Gebiete war es nicht möglich, auf den
Wegen, welche meine Vorgänger betreten hatten, weiter zu kommen. Um
überhaupt in den Stand gesetzt zu werden, mit den Aufgaben, welche

---

[1]) Emil Chr. Hansen: Über Saccharomyces apiculatus und dessen Kreislauf in
der freien Natur. (Mitteilungen des Carlsberger Laboratoriums. I. Bd. 3. Heft.)

[2]) Die einzige Ausnahme hiervon bilden ein paar in der jüngsten Zeit entdeckte
Arten.

ich mir gestellt hatte, zu beginnen, mufste ich also vorerst eine exakte Methode zur Herstellung der notwendigen Reinkulturen ausarbeiten. Ich wurde auf diese Weise eigentlich wider meinen Willen dazu gezwungen, mich einige Jahre hindurch mit Studien über diesen Zweig der bakteriologischen Technik zu beschäftigen; erst nachdem ich diese durchgeführt hatte, konnte ich diejenigen Aufgaben, welche für mich die Hauptsache waren, recht in Angriff nehmen.[1]

In meinen ersten Abhandlungen über die Alkoholgärungspilze beschränkte ich mich darauf, die neuen Resultate, welche ich erhalten hatte, mitzuteilen, und ich dachte damals gar nicht daran, dafs es notwendig werden könnte, die Fehler meiner Vorgänger hervorzuziehen und deutlich hervorzuheben, worin die Fortschritte bestehen, welche meine Arbeiten gebracht haben. Meine Gegner haben mich allmählich darüber belehrt, dafs die von mir benutzte Darstellungsweise nicht genüge, wenn es sich darum handelt, einer neuen Sache Fortgang zu schaffen. In den letzten Jahren bin ich wieder daran erinnert worden durch die von französischer Seite, besonders von Duclaux und Velten, gegen mich gerichteten Angriffe.

Duclaux versucht es nachzuweisen, dafs die von Pasteur in dem obgenannten Werke vor mehr als 16 Jahren angegebenen Methoden zur Darstellung von Reinkulturen von Hefenzellen Genüge leisten.[2] Namentlich verweilt er bei der Verfahrungsweise, welche darin besteht, dafs man die betreffende Hefeprobe in einer Lösung von 10 % Saccharose, die mit ein wenig Weinsäure versetzt ist, züchtet. Um Beweise von der Richtigkeit seiner Behauptung zu finden, untersuchte er einige der alten Kolben Pasteur's, welche Hefenvegetationen enthielten, teils in Bierwürze, teils auch in der genannten Zuckerlösung mit Weinsäure, und welche in Pasteur's Laboratorium gestanden hatten, seitdem dieser im Jahre 1876 diese Studien aufgab; einige waren zu der Zeit, wo sie geprüft wurden, 17 Jahre alt. Bei der Untersuchung von 19 Kolben fand Duclaux, dafs 14 davon Reinkulturen enthielten; hinsichtlich drei Kolben ist er dessen nicht ganz sicher, nimmt aber an, dafs auch diese doch nur je eine Spezies enthielten; von zwei Kolben, in denen Brauereihefe sich befand, berichtet er, dafs in jedem zwei Arten vorhanden waren. Er meint nun, dafs diese alten Kolben dargethan haben, dafs die angegebene Reinzuchtmethode eine exakte sei. Wenn es so wäre, hätte ich mir also einen grofsen Irrtum zu schulden kommen lassen und meine Zeit mit nutzlosen Arbeiten vergeudet.

---

[1] Über meine Methoden zur Darstellung der Reinkultur siehe das I. Heft meiner „Untersuch. aus der Praxis der Gärungsindustrie". Zweite Ausg. S. 8.

[2] E. Duclaux, Sur la conservation des levures. (Annales de l'Inst. Pasteur, 1889, p. 375.)

Gegen die Beweisführung Duclaux' wurde von Miquel (Annales de Micrographie, 1889, pag. 140), Alfred Jörgensen (Botan. Centralbl., XL. Bd., 1889, pag. 316) und Denamur (La Gazette du Brasseur, 1889, pag. 887) sogleich derselbe gewichtige Einwand erhoben, nämlich der, daſs es ja schlechterdings unmöglich ist, nach so langer Zeit sichere Auskunft darüber zu erhalten, welche Vegetationen die alten Kolben von der Hand Pasteur's empfangen haben. Kolben, welche im Augenblicke nur eine einzige Spezies enthalten, können sehr wohl ursprünglich deren mehrere enthalten haben; kurz, wir vermögen nicht, die Arten zu entdecken, welche im Laufe der Jahre etwa abgestorben sind. Wenn Duclaux nun durchaus die alten Pasteur'schen Methoden hervorzuziehen wünschte, so wäre es richtiger gewesen, wenn er durch theoretische Untersuchungen und praktische Proben uns gezeigt hätte, was diese Methoden wirklich vermögen. Die Untersuchung der alten Kolben gibt, wie gesagt, in Wirklichkeit keinen Aufschluſs darüber. Im folgenden gedenke ich zuerst eine theoretische Erörterung über die Tragweite der Methode anzustellen und sodann durch Experimente darzuthun, was damit erreicht werden kann.

Die oben berührten Untersuchungen von Duclaux lehren uns, daſs mehrere Arten in ein und demselben Kolben sogar 15—17 Jahre lang in Frieden beisammen leben können. Unter solchen Umständen kann selbstverständlich von einer Reinkultur gar nicht die Rede sein, und wir haben also hier Fälle vor uns, in welchen die Methode nicht Stich hält. Ich gebe gern zu, daſs sich Hefenarten finden, welche unter den erwähnten Verhältnissen eine verschiedene Lebenskraft haben, und wenn ein Gemisch von solchen in einem Kolben vorhanden ist, wird natürlich der Zeitpunkt kommen, wo alle schwächeren Arten abgestorben sind, und nur die stärkste noch übrig geblieben ist. Es fragt sich aber jetzt: woran ist zu erkennen, wann dieser Zeitpunkt gekommen ist, und durch welche Kennzeichen läſst es sich mit Sicherheit entscheiden, ob im Kolben ein oder mehrere Spezies sind. Wenn die Methode eine exakte genannt werden soll, müssen solche Anforderungen gestellt werden; aber Auskünfte in dieser Hinsicht geben indes weder Pasteur noch Duclaux. Es muſs daher offen gesagt werden, daſs die Methode schon aus diesem Grunde eine höchst unsichere ist, und daſs man bei Anwendung derselben in Wirklichkeit mehr oder weniger dem Zufall ausgesetzt ist und blindlings arbeitet.

Sehen wir in dem citierten Werke von Pasteur pag. 224 bis 228 genauer nach, so finden wir, daſs er im Ganzen genommen die Grenzen erkannt hat, und daſs er selbst eingesehen hat, daſs auf den von ihm eingeschlagenen Wegen nur eine bedingte Sicherheit erreichbar war. Um eine Reinkultur zu erhalten, wendet er daher auch keine einzelne Methode, sondern mehrere an, und

sagt, daſs man in den verschiedenen Fällen bald eine, bald eine andere benutzen, überhaupt versuchsweise zu Werke gehen müsse; eine bestimmte
Regel gibt er nicht. Nachdem er die verschiedenen Verfahrungsweisen beschrieben hat, spricht er sich folgendermaſsen aus: „Durch diese verschiedenen
Kunstgriffe, jeden für sich oder kombiniert, gelingt es in der Regel, die
zu reinigende Hefe in einem sehr reinen Zustande zu bekommen".
Von Reinkulturen in dem Sinne, in welchem wir dieses Wort jetzt fassen,
ist also gar nicht die Rede. Wenn er die von ihm mit Alkoholgärungspilzen angestellten Versuche beschreibt, sagt er auch an mehreren Stellen
in seinem Werke, z. B. pag. 179 und in ʼder Note pag. 205, daſs es
ihm nicht möglich war, zu entscheiden, ob er in jedem seiner Kolben
eine oder mehrere Spezies habe. Pasteur sucht sein Ziel dadurch zu
erreichen, daſs er in einer Reihe von Kulturen soviel als möglich den
Organismus, welchen er allein übrig zu behalten wünscht, begünstigt und
gleichzeitig die Entwickelung des- oder derjenigen, welche er beseitigen
will, zu hemmen sucht. Bei einem derartigen Züchten kann man natürlich
nur diejenigen Arten unterdrücken, welche unter den gegebenen Ernährungsverhältnissen die Konkurrenz mit der begünstigten nicht auszuhalten vermögen. Aber beisammen mit dieser Art kann ja sehr wohl
eine ganze Schaar von anderen leben, nämlich alle diejenigen, welche
ungefähr dieselben Ernährungsbedingungen haben, wie diese. Die Prinzipien
derartiger Reinzucht sind rein physiologischer Natur und setzen eigentlich
voraus, daſs man die Eigentümlichkeiten der Arten, mit welchen man
arbeitet, schon im voraus kennt; da wir aber, wenn wir Reinkulturen
darzustellen wünschen, in den weitaus meisten Fällen unbekannten Gröſsen
gegenüber stehen, so leuchtet es ein, daſs die hierauf bezüglichen Verfahrungsweisen in der Regel keine Sicherheit geben können. Sie lassen
sich vielmehr nur in solchen seltenen Fällen zur Anwendung bringen,
wo die betreffenden Arten mit so deutlichen Charakteren ausgestattet
sind, daſs sie nicht leicht mit anderen verwechselt werden können, und
wo die Möglichkeit einer Kontrolle vorhanden ist. Einen Fall dieser
Art beschrieb ich im Anfange dieser Abhandlung, indem ich meiner
älteren Studien über Saccharomyces apiculatus erwähnte.

Nach dem Veröffentlichen der vorerwähnten Abhandlung in den
Annales de l'Institut Pasteur hat Duclaux sich wieder über diese
Fragen ausgesprochen, nämlich bei dem französischen Brauerkongreſs in
Paris 1889 (Le génie civil, pag. 110) und bei dem Kongreſs in Lille 1890
(La Gazette du Brasseur, pag. 447, Nr. 141, 1890). Er erkennt hier,
daſs meine Methode einen wirklichen Fortschritt bezeichnet, und daſs
meine Arbeiten eine Reform in der Brauereigärung hervorgerufen haben.
Letzteres räumt er jedoch nur in Betreff der Untergärung ein; was
die Obergärung angeht, tritt er noch für die Einführung der alten

Pasteur'schen Methoden auf diesem Gebiete ein. Diese Vorträge sind in Zeitschriften, die nur in einem beschränkten Kreise gelesen werden, veröffentlicht worden, und folglich sind die meisten Leser nur durch die Annales de l'Institut Pasteur mit seiner Auffassung der Reinzuchtfragen bekannt geworden.

Wenn mein berühmter Kollege seine neuen Ansichten auch in der letztgenannten Zeitschrift veröffentlicht hätte, wäre ich, obgleich ebenfalls in diesen mehrere unrichtige Behauptungen sind, wahrscheinlich enthoben gewesen, mich nochmals mit diesen alten Sachen zu beschäftigen.

Die Frage, inwiefern meine Methode in Obergärungsbrauereien anwendbar ist oder nicht, ist in bejahender Richtung entschieden worden, in Dänemark durch Alfred Jörgensen's Versuche, in Australien durch die von De Bavay und in der jüngsten Zeit in Nord-Frankreich und in Belgien durch Versuche von Kokosinski, van Laer und Vuylsteke (Station scientifique de brasserie. Comptes-rendus. Gand 1890, pag. 13—21; La Gazette du Brasseur, Bruxelles 1890).

In Frankreich selbst ist meine Methode jetzt laut des Berichtes von Kokosinski in 15 Obergärungsbrauereien mit Erfolg eingeführt worden, ihre Anwendung ist somit nicht, wie Duclaux glaubt, auf die Untergärungsbrauereien beschränkt. Siehe übrigens den nachstehenden Aufsatz über die jetzige Verbreitung meines Systems der Hefe-Reinzucht.

Velten begann seine Angriffe gegen mich in seinen bei der französischen Brauereiausstellung in Paris 1887 (Revue universelle de la Brasserie et Malterie, 1888, Nr. 742 und 743) gehaltenen Vorlesungen und wiederholte dieselben auf dem Kongreß in Antwerpen 1889 (siehe Bericht pag. 82). Er behauptet, daß ich mich völlig geirrt habe, indem ich eine aus einer einzigen Art oder Rasse bestehende Hefe in den Brauereibetrieb einführte; seiner Ansicht nach soll die Brauereihefe nämlich aus mehreren bestehen, und er drückt sich darüber aus, wie folgt: „Die Vermischung dieser reinen Hefenarten, verschieden hinsichtlich ihrer Rasse und Natur, ist es, welche bewirkt, daß das Bier den erwünschten Geschmack und das Bouquet erhält“. Dieses, behauptet er, erlange man durch Anwendung von Pasteur's Verfahren, nämlich durch Züchten der Hefe in einer Rohrzuckerlösung, wozu ein wenig Weinsäure gethan ist, oder in Würze, mit Karbolsäure und Alkohol versetzt. Eine genauere Beschreibung des Verfahrens gibt er in den obengenannten Vorlesungen nicht; wenn wir aber weiter in der Zeit zurückgehen, finden wir eine solche in den Vorlesungen, welche er bei der Weltausstellung in Paris 1878 hielt. Er hat diese später unter folgendem Titel herausgegeben: De la fabrication de la bière par le procédé Pasteur. Conférence faite par Eugène Velten au Congrès international des brasseurs de Paris en 1878 (Revue universelle de la Brasserie, Paris 1881, Nr. 372). Sie sind auch in dem von dem Kongreſs herausgegebenen Hefte enthalten. Darin sagt er: „Wenn man zu einer der Entwickelung von Alkoholgärungspilzen günstigen Zuckerlösung eine Säure setzt, verhindert man dadurch die Entwickelung von Krankheitsfermenten. Die Essigsäurebakterie kann allerdings in einer sauereren Flüssigkeit leben, aber zu ihrer Entwickelung bedarf sie einer hohen Temperatur; die übrigen Krankheitsfermente leben dagegen nicht in einer sauren Flüssigkeit. Zur Reinigung der Brauereihefe kann man 4—5% Säure (z. B. Weinsäure) verwenden. Nach 4—5 in dieser Flüssigkeit ausgeführten Kulturen kann man sicher sein, daſs die Hefe rein ist; die Alkoholgärungspilze bleiben als die kräftigsten und zahlreichsten allein übrig“. Pasteur, sagt Velten, wendet 4 solche Kulturen an, und jede dauert 48 Stunden. Dem Obigen zu Folge ist also die Beseitigung der Bakterien der einzige Zweck dieser Reinigung der Hefe, und es wird gesagt, daſs die so gereinigte Hefe aus mehreren Hefenarten besteht. Duclaux hat ebenfalls diese Methode zur Reinigung der Brauereihefe in seiner Chimie biologique 1883 p. 301 aufgenommen, er empfiehlt aber einen schwachen Zusatz von Weinsäure.

Kurz nachdem Pasteur im Jahre 1876 seine berühmten Studien über das Bier herausgegeben hatte, wurden vom verstorbenen Kapitän J. C. Jacobsen auf Alt-Carlsberg und von Herrn Carl Jacobsen auf Neu-Carlsberg Versuche angestellt mit den darin angegebenen Verfahrungsweisen zur Reinigung der Brauereihefe, darunter auch mit Weinsäure und Karbolsäure; sie gaben aber kein günstiges Resultat und wurden daher vollständig aufgegeben. Dies war auch der Fall in den Brauereien im Auslande, in welchen ähnliche Proben angestellt wurden. Selbst in Frankreich fanden die Pasteur'schen Methoden keinen Eingang. Velten ist gegenwärtig der einzige Brauer, welcher dieselben empfiehlt, und auch er hat sie nicht beständig befolgt, was aus seinen eigenen Mitteilungen darüber hervorgeht (Wochenschrift für Brauerei, Berlin 1886, S. 5).

Velten hat als Pasteur's alter Mitarbeiter auf dem Gebiete des Brauwesens einen angesehenen Namen; dieses hat seinen Angriffen, wie schlecht begründet sie auch sind, ein gewisses Gewicht verliehen. Weder er noch meine anderen französischen Gegner haben es vermocht, die Brauereien dazu zu bewegen, die alten Pasteur'schen Methoden aufzunehmen; aber sie haben an mehreren Orten Miſstrauen gegen mich und die Reform, für welche ich kämpfe, erweckt, und dadurch namentlich bewirkt, daſs dieselbe in Frankreich viel langsameren Fortgang gehabt, als dies sonst der Fall gewesen wäre.

Als ich vor zehn Jahren meine ersten Mitteilungen über die Herstellung absoluter Reinkulturen veröffentlichte, hatte ich schon längst zahlreiche Versuche über die erwähnten Pasteur'schen Methoden angestellt, beschränkte mich aber auf eine kurze theoretische Besprechung in wenigen Zeilen und glaubte, dafs die Sache hiermit abgethan sei. Dafs diese meine Auffassung eine irrtümliche war, haben, wie gesagt, die Angriffe bewiesen. Indem ich wider meinen Willen gezwungen wurde, mich aufs neue mit diesen Fragen zu beschäftigen, sah ich sogleich ein, dafs ich, sofern ich damit zu Ende kommen wollte, mich nicht auf eine theoretische Besprechung beschränken konnte, sondern dafs ich wieder Versuche anstellen mufste. Bei diesen sind die Herren Assistenten Holm und Nielsen mir behilflich gewesen, und namentlich ist ein grofser Teil der Analysen von Herrn Holm ausgeführt worden. Ich bestrebte mich dann, wie ich pflege, der Frage auf den Grund zu kommen, dieselbe von verschiedenen Gesichtspunkten aus zu studieren. Eine Freude ist es mir gewesen, dafs die grofse Sorgfalt, welche ich und meine Assistenten auf diese Arbeit verwendeten, nicht blofs dadurch Bedeutung bekam, dafs sie die unrichtigen und anmafsenden Behauptungen meiner Gegner berichtigte, sondern auch neue Aufschlüsse brachte, die sowohl praktisches als theoretisches Interesse darbieten.

Die Versuche bilden zwei Gruppen; die erstere, welche die vier ersten Versuche umfafst, berücksichtigt zunächst die theoretische Seite der Frage; die letztere, wozu die übrigen Versuche gehören, bezwecken dagegen, die Behauptungen Velten's zu prüfen; beide beleuchten sich gegenseitig.

## 2.
### Erster Versuch.

Eine 10% wässerige Saccharoselösung, mit $^1/_{20}$% Weinsäure versetzt, wurde in Pasteur'sche zweihalsige Kolben eingeführt und sterilisiert. Nach dem Abkühlen wurden diese Kolben mit den unten angeführten Hefearten in absoluten Reinkulturen inficiert[1]). Die angewendeten Vegetationen stammten von 10tägigem Züchten in Würze bei gewöhnlicher Zimmertemperatur. Es wurde eine ziemlich reichliche Hefemenge in jeden Kolben eingeführt und eine möglichst gleiche Portion von jeder Hefeart.

In *A*: Sacch. cerevisiae I, Sacch. Pastorianus I, Sacch. Pastorianus III, Sacch. ellipsoideus II.

In *B*: Carlsberg Unterhefe Nr. 1, Sacch. Pastorianus I, Sacch. Pastorianus III, Sacch. ellipsoideus II.

---

[1]) Eine Beschreibung dieser sowie der im nachfolgenden erwähnten Arten findet sich an verschiedenen Stellen in meinen „Untersuchungen über die Physiologie und Morphologie der Alkoholgärungspilze". In übersichtlicher Form sind dieselben in Jörgensens Buch: „Die Mikroorganismen der Gärungsindustrie", 3. Ausgabe, Berlin 1892, und in Zopfs Handbuch „Die Pilze", Breslau 1890, zusammengestellt.

In *C*: Carlsberg Unterhefe Nr. 1, Carlsberg Unterhefe Nr. 2, Sacch. Pastorianus I, Sacch. Pastorianus III, Sacch. ellipsoideus II.

Die Kolben wurden sodann bei gewöhnlicher Zimmertemperatur gestellt. Nachdem sie einen Monat gestanden hatten, wurden sie geschüttelt und kleine Durchschnittsproben in ähnliche Kolben, welche dieselbe Flüssigkeit enthielten, übergeführt; von diesen aus wurde einen Monat später eine neue Reihe inficiert, und diese letzte Kultur stand darnach wieder einen Monat. Durch Überführen solcher Durchschnittsproben werden die etwa im Übergewichte vorhandenen Arten noch mehr begünstigt, und eine Reinkultur wurde mithin auch dadurch vorbereitet.

Nachdem dieses Züchten im ganzen drei Monate gedauert hatte, war es die Aufgabe, zu bewirken, daſs die etwa noch lebenden Zellen neue Vegetationen entwickelten, und demnächst auszufinden, welche Arten in jedem Kolben noch am Leben waren. Aus jedem Kolben wurden zu diesem Zwecke Durchschnittsproben in zwei andere Kolben, von denen die eine Bierwürze und die andere eine Lösung von 10 Proc. Dextrose in Hefewasser enthielt, übergeführt. Diese Kolben wurden bei 25° C. gestellt, und sobald eine Vegetation sich entwickelt hatte, wurden davon Durchschnittsproben genommen zu fraktionierten Kulturen in Gelatine, zu welcher in dem einen Falle Würze, im andern die erwähnte Lösung von Dextrose in Hefewasser gesetzt war. Die Kolben, welche die Reste der Vegetation in der Würze und im Dextrose-Hefewasser enthielten, wurden danach bei gewöhnlicher Zimmertemperatur gestellt, bis die Hauptgärung zu Ende war, worauf von neuem Durchschnittsproben zu ähnlichen fraktionierten Kulturen, wie die oben erwähnten entnommen wurden. Solche wurden auch mit Durchschnittsproben, direkt aus den Vegetationen entnommen, welche drei Monate unter den beschriebenen Züchtungsverhältnissen in der Zuckerlösung zugebracht hatten, ausgeführt. Die Proben wurden also mit drei verschiedenen Entwickelungsphasen der betreffenden Hefevegetation angestellt. Die Gelatineplatten mit den darin ausgesäeten Hefezellen wurden einem Wärmegrade von 25° C. ausgesetzt, bis zahlreiche Vegetationsflecken sich darin entwickelt hatten. Von diesen Flecken aus wurden danach eine gröſsere Anzahl Kolben, welche Bierwürze enthielten, inficiert; auſserdem wurden die Flecken selbst einer mikroskopischen Untersuchung unterworfen. Die Vegetationen, welche sich in den letzt erwähnten Kolben mit Würze entwickelten, wurden gleichfalls mikroskopisch untersucht und überhaupt auf die Charaktere geprüft, von welchen ich im voraus wuſste, daſs sie den betreffenden Hefearten eigentümlich waren. Es folgt von selbst, daſs immer nur sterilisierte Flüssigkeiten und Nährgelatine zur Verwendung kamen, und daſs mit einer solchen Sorgfalt gearbeitet wurde, daſs eine Infektion von auſsen nicht stattfinden konnte.

Als Resultat ergab sich, dafs von den sechs Hefearten, welche am Anfang des Versuches in den drei Kolben mit der Lösung von Saccharose und Weinsäure ausgesäet wurden, jetzt nur noch zwei Arten am Leben befunden wurden, nämlich Saccharomyces ellipsoideus II und Saccharomyces Pastorianus I; erstere hatte in allen Kolben ausgehalten, letztere nur in einem oder vielleicht in zwei. Mit Sicherheit konnte Saccharomyces Pastorianus I nur in einem der Kolben, und zwar nur nach Züchten in der Dextrose-Hefewasserlösung, nachgewiesen werden. **Saccharomyces ellipsoideus II hatte sich also unter den beschriebenen Züchtungsverhältnissen als die kräftigste erwiesen, aber auch nicht in Bezug auf diese Art gab die Methode irgend welche Sicherheit einer Reinkultur.**

### Zweiter Versuch.

Dieser wurde auf dieselbe Weise wie der erste angestellt; während aber in diesem die Hefe aus zehn Tage alten Kulturen stammte, wurden jetzt ganz junge Vegetationen angewendet, welche durch 24 stündiges Züchten in Würze bei 25° C. gezüchtet waren. Übrigens war das Verfahren dasselbe, und **das Endergebnis des Versuchs wurde gleichfalls dasselbe.**

### Dritter Versuch.

Er wurde im wesentlichen auf dieselbe Weise wie die beiden vorhergehenden angestellt, aber nur mit einem Kolben als Ausgangspunkt. Die Aussaat bestand aus Carlsberg Unterhefe Nr. 1, Sacch. cerevisiae I und Sacch. Pastorianus III.

Die Versuchsordnung unterschied sich von der bei den beiden vorigen Versuchen befolgten dadurch, dafs das Züchten in der Lösung von Rohrzucker und Weinsäure nur im Laufe von vier Wochen stattfand, und in dieser Zeit wurden auf die beschriebene Weise vier Kulturen mit ungefähr denselben Zeitzwischenräumen vorgenommen. Als hierauf untersucht wurde, **welche Arten noch am Leben waren, zeigte es sich, dafs dieses mit Sacch. cerevisiae I und Sacch. Pastorianus III der Fall war.** Erstere trat namentlich beim Züchten in Bierwürze hervor, während letztere sich dagegen nur nach dem Züchten in einer Lösung von Dextrose und Hefewasser zeigte. **In diesem Falle war also auch keine Reinkultur erreicht worden.**

### Vierter Versuch.

Die Züchtung in der Lösung von Saccharose mit Weinsäure dauerte in diesem Falle einen Monat, und es wurde während dieser Zeit nur ein Umgiefsen vorgenommen, nämlich nach 14 tägigem Stehen. Der Versuch wurde mit zwei Kolben begonnen, und sind in jedem die folgenden drei Arten eingeführt worden, nämlich: Sacch. Pastorianus II, Sacch. Pastorianus III und Sacch. ellipsoideus II. Sie stammten alle aus lebenskräftigen, wiewohl drei Monate alten Vegetationen auf einer Nährgelatine, welche mit Fischabsud und Saccharose versetzt war. Am Abschlufs des Ver-. suches wurde in beiden Kolben Sacch. ellipsoideus II und nur dieser allein gefunden.

Die Zuchtmethoden, welche verwendet wurden, um die Arten, welche die beschriebene Behandlung in der Zuckerlösung überlebt hatten, dazu zu bringen, dafs sie Vegetationen entwickelten und sich dadurch zu erkennen gaben, sind solche, von welchen ich durch mehrjährige Erfahrung weifs, dafs sie für die genannten Arten günstig sind.

Wenn ich eine noch gröfsere Anzahl Züchtungen in Gang gesetzt und diese auf noch mehrere verschiedene Weisen variiert hätte, würde ich wahrscheinlich Aussicht darauf gehabt haben, wenigstens einige der Arten hervorzubekommen, welche jetzt abgestorben zu sein schienen. Wo die Grenze hier ist, läfst sich nicht entscheiden. Auch einige der Flecke in den Gelatinekulturen können sehr wohl mehr als je eine Art enthalten haben. Kurz, es ist wahrscheinlich, dafs mehr Arten lebendig gewesen sind als diejenigen, welche gefunden wurden. Die beobachteten müssen also zunächst als diejenigen aufgefafst werden, welche im absoluten Übergewichte da waren. Allein, selbst wenn wir annehmen, dafs diejenigen Kolben, in welchen wir nur eine lebendige Art fanden, auch nur diese enthalten haben, so wird das Hauptresultat doch dieses, dafs die beschriebene Verfahrungsweise uns keine Sicherheit gibt, eine Reinkultur zu erhalten. Von neun Kolben enthielten drei am Schlufs der Versuche je zwei Arten; in zwei Versuchen wurde die Behandlung jedoch drei Monate hindurch fortgesetzt. Anderseits ist es nicht unwahrscheinlich, dafs man, wenn man noch weiter ginge, dazu gelangt wäre, dafs alle die Arten, mit welchen bei einem Versuche experimentiert wurde, mit einer einzigen Ausnahme abstürben; dieses gilt namentlich bei den ersten beiden Versuchen von Sacch. ellipsoideus II. Aber es ist nichts da, was uns in dieser Beziehung leiten könnte; wir haben, wie oben hervorgehoben wurde, keinen Anhaltspunkt oder ein Kennzeichen, durch welches wir entscheiden können, ob der Punkt erreicht ist oder nicht, und wenn wir darüber hinausgehen, laufen wir Gefahr, dafs alles Leben erlischt. Kurz, es ist und bleibt ein Arbeiten aufs Geratewohl und kann nie eine exakte Methode werden.

Die Hauptschwierigkeiten bei der Anwendung des physiologischen Verfahrens zu dem gedachten Zwecke ist, wie ich schon bemerkt habe, die, dafs wir ja im voraus nicht wissen, wie die Arten, mit welchen wir arbeiten, sich in der genannten Hinsicht stellen werden; aber selbst wenn wir vorläufige Proben anstellen könnten, so würden diese doch nicht unter allen Verhältnissen dasselbe Resultat geben. Hier werden die individuellen Eigentümlichkeiten der Zellen der Arten sich auch geltend machen können, und es ist höchst wahrscheinlich, daſs man, wenn man durch zahlreiche Generationen eine Art der oben erwähnten Behandlung aussetzt, auf dieselbe wird derart einwirken können, daſs sie allmählich besser befähigt wird, sich unter den vorhandenen schwierigen Ernährungsverhältnissen vorwärts zu kämpfen. Es sind dies weitere Bedenklichkeiten gegen die Anwendung der physiologischen Methoden in der genannten Beziehung.

Der einzige, unter allen Umständen sichere Weg, auf welchem wir eine Reinkultur eines Mikroorganismus erreichen können, gleichviel von welchen physiologischen und morphologischen Eigenschaften letzterer im Besitz sein möchte, ist, die Aussaat einer einzigen Zelle in ein steriles Nährsubstrat vorzunehmen.

### Fünfter Versuch.

Dieser und der folgende Versuch wurden speziell angestellt, um das von Velten in seiner vorerwähnten Vorlesung beschriebene Verfahren zu prüfen, welches er, nach Pasteur's Anweisung, zur Reinigung der Brauereihefe anwendet. Die Flüssigkeit war in diesem Falle eine Lösung von 10% Rohrzucker in mit 4% Weinsäure versetztem Wasser. Es wurde mit aus jungen, kräftigen Zellen bestehenden Vegetationen, welche durch 24stündige Kultur in Würze bei 26° C. gezüchtet wurden, experimentiert, und gleiche Mengen von jeder Art wurden in den Kolben eingeführt.

In *A*: Sacch. cerevisiae I, Sacch. Pastorianus I, Sacch. Pastorianus III.

In *B*: Carlsberg Unterhefe Nr. 1, Carlsberg Unterhefe Nr. 2, Sacch. Pastorianus I, Sacch. Pastorianus III.

In *C*: Carlsberg Unterhefe Nr. 1, Carlsberg Unterhefe Nr. 2, Sacch. Pastorianus I, Sacch. Pastorianus III, Sacch. ellipsoideus II.

In *D*: Sacch. cerevisiae I, Sacch. Pastorianus I, Sacch. Pastorianus III, Sacch. ellipsoideus II.

Nachdem diese Kolben die genannten Hefenmischungen empfangen hatten, wurden sie bei gewöhnlicher Zimmertemperatur gestellt, und nach zweitägigem Stehen wurden sie gut geschüttelt, worauf Durchschnittsproben in neue Kolben mit ganz derselben Zuckerlösung übergeführt wurden. Es wurden auf die bei dem ersten Versuche beschriebene Weise fünf Kulturen vorgenommen, von denen ich jede zwei Tage in Ruhe stehen lieſs. Die Kolben, welche die vierte und die fünfte Kultur enthielten, wurden geprüft, die vierte Kultur nach acht und die fünfte nach zehn Tagen, vom Beginn des Versuchs gerechnet. Dieses geschah in beiden Fällen dadurch, daſs die Zuckerlösung mit ihrem Hefeinhalt gut geschüttelt, und Durchschnittsproben dann in eine entsprechende Reihe Kolben mit Bierwürze übergeführt wurden. Die Kolben, aus welchen die Proben entnommen waren, wurden hernach eine kurze Zeit in Ruhe gestellt, bis der in ihnen noch vorhandene Rest von Hefe sich niedergeschlagen hatte, worauf, soweit möglich, die ganze Flüssigkeit abgegossen und statt derselben eine passende Portion Würze eingeführt wurde. In dieser Weise wurde nicht nur mit Durchschnittsproben gearbeitet, sondern in den beiden Reihen von Kolben wurde nun auch sozusagen all die in der entsprechenden Kultur in der Zuckerlösung vorhandene Hefe gesammelt, und die letzte Reihe der Würzekolben empfing fast nichts von der stark sauren Flüssigkeit. Letzteres mag hier hervorgehoben werden, wo es sich darum handelt, abgeschwächte Hefezellen zur Vermehrung zu bringen. Es wurde stets mit sterilen Flüssigkeiten gearbeitet und genau darüber gewacht, daſs keine Organismen von auſsen her sich in die Kolben hineindrängten.

Falls die beschriebene Behandlung in der Rohrzuckerlösung mit Weinsäure wirklich eine Reinigung herbeiführte, so müſsten diese Kolben mit Kulturen in Würze nun also die gereinigte Brauereihefe, von allen ursprünglich vorhandenen Krankheitskeimen befreit, enthalten. Demnach müſsten wir also erwarten, beziehentlich in den Kulturen von *A* eine reine Vegetation der Brauerei-Oberhefe, Sacch. cerevisiae I, in den Kulturen von *B* eine reine Vegetation der Carlsberg Unterhefe Nr. 1 und Nr. 2, in den Kulturen von *C*: der Carlsberger Unterhefe Nr. 1 und Nr. 2 und in den Kulturen von *D:* des Sacch. cerevisiae l. Das Resultat wurde indes ein ganz anderes!

Die genannten Kulturen wurden in einen Thermostaten bei 26° C. gestellt, aber nur die Kolben, welche die Hefe von *A* und *B* enthielten, welche der beschriebenen Behandlung in der Zuckerlösung in der Zeit von acht Tagen unterworfen gewesen war, boten Anzeichen von Entwickelung dar, alle übrigen Vegetationen muſsten als abgestorben angesehen werden; selbst nachdem sie mehrere Wochen gestanden hatten, war noch kein Lebenszeichen bemerkbar. Die Kolben mit den lebenden Vegetationen zeigten deutliche Untergärungsphänomene, und das Bier hatte den unangenehmen bittern Geschmack und üblen Geruch, welche durch die Krankheitshefeart Sacch. Pastorianus I verursacht werden. Schon hieraus war der Schluſs zu ziehen, daſs sie keine Reinkulturen der ursprünglich ausgesäeten Brauereihefearten enthalten konnten. Die Aufgabe war es nun, näher zu untersuchen, worin ihr Hefeinhalt bestand; zu diesem Zwecke wurde eine Verteilung und Untersuchung der Zellen nach den bei dem ersten Versuch beschriebenen Verfahrungsweisen vorgenommen. Es ergab sich das Resultat, daſs nur eine einzige Art, nämlich der Krankheit erzeugende Sacch. Pastorianus I, vorhanden war; nur diese allein hatte die beschriebene Behandlung in der Zuckerlösung überlebt.

### Sechster Versuch.

Während bei den vorhergehenden Versuchen gleiche Portionen der verschiedenen Hefearten ausgesäet wurden, waren bei diesem die Krankheitshefearten in der Mischung mit den Kulturhefen nur im Verhältnisse 1:5 vorhanden. Die in jedem Kolben vorhandene Brauereihefe war also gleich von Anfang an in absolutem Übergewicht. Der Versuch wurde mit folgenden fünf Kolben angestellt:

In *A:* Sacch. cerevisiae I, Sacch. Pastorianus I.

In *B:* Eine Brauerei-Unterhefe, Sacch. Pastorianus I.

In *C:* Carlsberg Unterhefe Nr. 2, Sacch. Pastorianus I.

In *D:* Sacch. cerevisiae I, Sacch. ellipsoideus II.

In *E:* Eine Brauerei-Unterhefe, Sacch. ellipsoideus II.

Die Zuckerlösung enthielt in diesem Falle nur 3,8 % Weinsäure. Das Verfahren war übrigens das nämliche wie beim fünften Versuche.

Es zeigte sich, daſs die Arten in dem Kolben *D*, nämlich Sacch. cerevisiae I und Sacch. ellipsoideus II, abgestorben waren, nachdem sie auf die angegebene Weise zehn Tage in der Zuckerlösung gezüchtet worden waren; nach einer solchen Behandlung in der Zeit von acht Tagen waren sie dagegen noch lebendig. In allen übrigen Kolben hielten wenigstens einige der Arten diese Behandlung sowohl nach Verlauf von acht wie nach zehn Tagen aus.

Nachdem eine Verteilung der Zellen vorgenommen und für jeden Kolben eine sehr groſse Anzahl (in einigen Fällen bis 80) besonderer Züchtungen dieser Zellen nach den oben beschriebenen Verfahrungsweisen ausgeführt worden war, wurden folgende Resultate erhalten:

*A:* Die ausgesäeten Arten waren alle beide am Leben; während aber die Zellen des Sacch. cerevisiae I am Anfang des Versuches in einer fünfmal so groſsen Anzahl als die Zellen des Sacch. Pastorianus I vorhanden waren, hatte das Verhältnis sich nun vollständig verändert. Die Krankheitshefeart war jetzt die vorherrschende, die Brauerei-Oberhefeart dagegen dermaſsen zurückgedrängt, daſs ich diese nur noch mittels besonderer Kulturen in Bierwürze bei 37—38 ° C. auffinden konnte, einem Wärmegrade, der noch für Sacch. cerevisiae I günstig ist, während er höher ist, als das Temperatur-Maximum unter den angegebenen Verhältnissen für Sacch. Pastorianus I.

*B:* Es wurde nur Sacch. Pastorianus I gefunden; von der Brauerei-Unterhefe wurde keine Spur wahrgenommen.

*C:* Die Zellen des Sacch. Pastorianus I waren in ganz übermäfsiger Menge vorhanden; von Carlsberg Unterhefe Nr. 2 wurde nur eine zweifelhafte Spur gefunden.

*D:* Sacch. ellipsoideus II war in überschwenglicher Menge vorhanden; Sacch. cerevisiae I war auch in diesem Falle nur durch Züchten in Würze bei 37—38° C. wahrnehmbar.

*E:* Die beiden ausgesäeten Arten, die Brauerei-Unterhefe und Sacch. ellipsoideus II wurden gefunden, aber die Untersuchung zeigte, dafs letztere jetzt die Hälfte der Hefenmischung ausmachte, während sie, wie man sich erinnern wird, am Anfang des Versuchs nur ein Fünftel betragen hatte; die Krankheitshefe hatte sich also auch in diesem Falle auf Kosten der Brauereihefe vermehrt.

Als Hauptresultat dieses Versuches ergibt sich, dafs die beiden Krankheitshefen, Sacch. Pastorianus I und Sacch. ellipsoideus II, die Brauereihefen überwältigt haben. Die erstere der beiden genannten Krankheitshefearten gibt, wie schon oben berührt, dem Biere einen unangenehmen Geschmack und Geruch, letztere erregt in untergärigen Bieren die Krankheit, welche wir Hefetrübung nennen. Es hat also nichts geholfen, dafs die Brauereihefearten am Anfang des Versuchs im Übergewicht vorhanden waren.

Wie man sich erinnern wird, stellt Velten sich in seinen oben citierten Vorlesungen vollständig auf den von Pasteur in den „Études sur la bière" angegebenen Standpunkt. Für ihn handelt es sich nur darum allein, die Bakterien zu beseitigen. Auf meine Lehre von den Alkoholgärungspilzen nimmt er keine Rücksicht; wenn er die Brauereihefe von Bakterien befreit hat, so ist sie seiner Ansicht nach rein. Meine Untersuchungen haben indes mit Bestimmtheit gezeigt, dafs die genannten drei Saccharomyces-Arten, Sacch. Pastorianus I, Sacch. Pastorianus III und Sacch. ellipsoideus II, im untergärigen Biere Krankheiten hervorrufen (siehe Mitteilungen des Carlsberger Laboratoriums, Bd. II, Heft 2, 1883, Zeitschrift für das gesammte Brauwesen, München 1884, pag. 273 und namentlich die nachfolgende ausführliche Abhandlung über diesen Gegenstand). Die Richtigkeit dieses Ergebnisses ist durch Alfred Jörgensen, Grönlund, Will, Lasche, Kokosinski und andere bestätigt worden. Es wurde überdies in den letzten Jahren nachgewiesen, dafs es aufser den genannten auch noch mehrere andere Saccharomyceten gibt, welche Krankheiten im Biere hervorrufen können. Alles zeigt sogar darauf hin, dafs es eine grofse Anzahl solcher Arten gibt. Die Frage, ob durch das beschriebene Züchten der Brauereihefe in der Zuckerlösung eine Reinigung erreicht wird oder nicht, mufs also zufolge des Obigen nicht allein in Bezug auf die Bakterien gestellt werden, sondern auch ganz besonders mit Rücksicht auf die erwähnten Krankheits-

Hefenarten. Von diesem Gesichtspunkte aus gesehen, gehen nicht nur der fünfte und sechste Versuch der Behauptung Velten's zuwider, sondern dasselbe gilt in Wirklichkeit auch von den ersten vier Versuchen. Das von Velten und Duclaux empfohlene Pasteur'sche Verfahren zur Reinigung der Brauereihefe bewirkt also, wenn von Krankheitshefenarten die Rede ist, gar keine Reinigung, sondern verursacht im Gegenteil, dafs die Krankheitserreger sich noch stärker verbreiten. Dieses gilt sowohl bei den Versuchen mit Ober- als mit Unterhefe. Pasteur's Verfahren ist folglich in den Brauereien ganz und gar unbrauchbar. Wo dasselbe etwa eingeführt wird, wird es grofsen Geldverlust und grofse Schwierigkeiten verursachen.

Der sechste Versuch zeigte gleichfalls, dafs die Methode auch nicht in der angewandten Form Sicherheit dafür gibt, eine Reinkultur zu erreichen.

Die oben mitgeteilten Untersuchungen veröffentlichte ich in den Mitteilungen des Carlsberger Laboratoriums i. J. 1891.

Man sollte nun glauben, dafs meine Gegner solchen Thatsachen gegenüber sich ruhig verhalten hätten, zumal wenn sie nicht im stande wären, in meinen Experimenten oder in den Schlüssen, welche ich daraus ziehe, Fehler nachzuweisen. Dieses ist indes nicht geschehen. Velten erkennt wohl stillschweigend, dafs meine Versuche richtig sind, und kann folglich auch nicht die unter den gegebenen Versuchsbedingungen erhaltenen Resultate angreifen; aber dann kommt er (La Gazette du Brasseur 1891) mit neuen Einwänden, dafs die Krankheitshefenarten in meinen Hefemischungen in zu grofser Menge im Verhältnisse zu den Brauereihefenarten vorhanden gewesen seien, und ferner dafs die Versuche bei niedrigeren Temperaturen als 25 ° C., die ich zum Teil anwendete, hätten angestellt werden sollen. Wenn ich dieses befolgt hätte, würde ich, behauptet er, zu einem ganz anderen Resultat gelangt sein, und er bezeichnet das Verfahren Pasteur's für einfacher und rationeller als meine Methode, deren Ausgangspunkt bekanntlich die einzelne Zelle ist. In der detaillierten Beschreibung, welche Velten im Jahre 1878 von Pasteur's Methode gab, wird gar nichts davon gesprochen, dafs die Züchtung bei einer niedrigeren Temperatur vor sich gehen soll; ebenso wenig findet sich eine derartige Angabe in den Werken von Pasteur und Duclaux. Es sind leider wieder nur Redensarten, die Velten vorbringt, Beweise oder Versuche teilt er nicht mit. Mein Kollege Direktor Jörgensen hat in „La Gazette du Brasseur" (1891 Nr. 215) und in der „Allgemeinen Brauer- und Hopfenzeitung", Nürnberg (1891 Nr. 142) eine scharfe Zurückweisung der Behauptungen

Veltens veröffentlicht. Jörgensen teilt hier folgende Untersuchungen aus seiner eigenen Praxis mit:

„Als vor 11 Jahren die Brauerei Tuborg hier in Kopenhagen an einer stark ausgeprägten Hefetrübung im Biere, von wilden Hefearten herrührend, laborierte, wendete ich die Pasteur'sche Methode zur Reinigung der Hefe im grofsen an, indem die Hefe in dem Gärkeller selbst in Botticben von 5 bis 6 hl Inhalt bei Untergärungstemperatur mit weinsauren Flüssigkeiten behandelt wurde. Es wurde hierdurch keine Spur von Verbesserung erzielt, die Krankheit trat immer unverändert auf und verschwand erst, als eine wirkliche Reinhefe nach Hansens Methode anstatt der mittels Weinsäure gereinigten Hefe zur Anwendung gebracht wurde.

Ferner kann angeführt werden, dafs seit einem halben Jahre in meinem Laboratorium eine grofse Zahl Versuche vorgenommen wurde mit Mischungen von Kulturhefen und den verschiedenen wilden Hefearten, darunter auch Krankheitshefen, in sehr verschiedenen Verhältnissen mit einander gemischt und danach mit ungefähr $\frac{1}{2}$ % Weinsäure versetzter Würze gezüchtet. Es hat sich dabei beständig ergeben, dafs die wilden Hefearten sich nach und nach auf Kosten der Kulturhefe entwickelten, und dafs letztere ganz zurückgedrängt wurde. Dieses zeigt also, dafs der Zusatz von Weinsäure zu der Würze auch keine Reinigung bewirkt, sondern vielmehr die Entwickelung der Krankheitshefen begünstigt."

Um wo möglich meine Gegner zum Schweigen zu bringen und um (wie oben berührt) die ganze Frage bis auf den Grund zu untersuchen, führte ich selbst nachfolgende Versuche aus, in denen, wie die letzten Einwände Veltens es fordern, bei niedrigen Temperaturen und mit einer Hefemischung, in welcher die Krankheitshefenarten nur in äufserst geringer Menge vorhanden waren, gearbeitet wurde. Herr Assistent Nielsen ist mir dabei in umfassender Weise behilflich gewesen.

### Siebenter und achter Versuch.

Zu diesen neuen Versuchen nahm ich allgemeine Stellhefe, wie selbe in einer Untergärungsbrauerei, deren Gärungen in vollständiger Ordnung waren, und deren Bier sich in jeder Beziehung vorteilhaft auszeichnete, angewendet wurde. Die Brauerei wurde von einem Reinzucht-Apparate, in welchem eine absolute Reinkultur einer derjenigen Bier-Unterhefenarten, die sehr schwierig Sporen bilden, sich befand, mit Hefe versehen. Nach 6—7 Tagen hatten die Hefezellen in den gewöhnlichen Gypsblockkulturen bei 25 ° C. entweder noch gar keine oder äufserst wenige Sporen entwickelt. Diese Sporen hatten überdies das für Kulturhefe-Sporen charakteristische Aussehen und konnten so von

Sporen wilder Hefenzellen mikroskopisch unterschieden werden. Die von mir zur Analyse der Brauereihefe angegebene Methode konnte folglich mit Sicherheit angewendet werden. Bei den Proben, welche ich auf diese Weise anstellte, war es mir nicht möglich, Spuren von wilder Hefe zu entdecken, und die mikroskopische Untersuchung zeigte ebenfalls darauf hin, dafs die ganze Masse der Hefe aus der Brauerei-Unterhefenart allein bestand. Holm und Poulsen haben die Tragweite meiner Methode einer eingehenden Prüfung unterworfen, und gefunden, dafs man mittels derselben imstande ist, sogar eine so geringe Beimischung wilder Hefe wie $^1\!/_2\,^0\!/_0$ in der Brauerei-Hefe nachzuweisen (Mitteilungen des Carlsberger Laboratoriums, Bd. II, Heft 4 u. 5). Die Untersuchung der vorliegenden Stellhefe ergab also, dafs entweder gar keine wilde Hefe darin war oder jedenfalls nur äufserst geringe Spuren davon. Indem ich diese Hefe zum Ausgangspunkt für meine Analyse nahm, mufste selbstverständlich auch der Einwand, welchen Velten in seinem Angriff vorgebracht hatte, wegfallen, nämlich dafs meine Hefemischung von einer abnormen Zusammensetzung sei, welche in der Praxis nie zur Anwendung komme.

Die Züchtung in Lösung von Rohrzucker und Weinsäure wurde, wie in dem voran beschriebenen fünften und sechsten Versuch, vorgenommen. Die Leser, welche sich für die Einzelheiten der Versuchsanordnung interessieren, erlaube ich mir, darauf zu verweisen. Ich stellte mit der beschriebenen Brauereihefe zwei Reihen von Versuchen an, eine bei gewöhnlicher Zimmerwärme (am Tage in der Regel 17°C., nachts bisweilen 10°C.) und eine bei einem Temperaturgrade, der die ganze Zeit ca. 9°C. war.

In der Versuchsreihe bei gewöhnlicher Zimmertemperatur war die Hefe nicht nur in der vierten und fünften Kultur in der Zuckerlösung, sondern schon in der dritten Kultur so verändert in ihrer Zusammensetzung geworden, dafs sie, nachdem sie in Würze übergeführt worden war, eine Vegetation bildete, in welcher die wilde Hefe im Übergewicht vorhanden war. Die gewöhnlichen Gypsblockkulturen bei 25°C., welche damit angestellt wurden, zeigten nun schon nach 3—4 Tagen eine sehr reiche Entwickelung wilder Hefezellen mit Sporen von einem vollständig typischen Aussehen, und bei der mikroskopischen Untersuchung der neugebildeten Hefe zeigte es sich ebenfalls, dafs die meisten Zellen dasselbe Aussehen hatten wie das der Zellen der Ellipsoïdeus- und Pastorianus-Gruppen. In der zweiten Kultur in der Zuckerlösung hatte die Hefe dagegen noch nicht eine solche Veränderung erfahren; hier war die Brauerei-Unterhefe noch in absolutem Übergewicht.

Die zweite meiner neuen Versuchsreihen wurde, wie oben mitgeteilt, bei ca. 9° C. ausgeführt. Als die dritte Kultur in der Zuckerlösung zwei Tage gestanden hatte, wurde eine Durchschnittsprobe daraus in die vierte übergeführt. Darauf wurde die Hefe von der dritten Kultur in Würze, ebenfalls bei 9° C. gezüchtet. Nachdem die vierte und fünfte Kultur in Zuckerlösung ihre Zeit gestanden hatte, wurde auch die Hefe von diesen in Würze übergeführt und auf dieselbe Weise wie die dritte Kultur gezüchtet. Infolge der niedrigen Temperatur, bei der die Züchtung vor sich ging, wurde erst nach ca. 12 Tagen eine erkennbare Entwickelung von Hefe in der letztgenannten Würzekultur gefunden, und in den beiden anderen erst nach 15 Tagen. Wenn Pasteurs Methode richtig wäre, müfste also die Hefevegetation in diesen drei Kolben aus der reinen Brauereihefe bestehen. Das Resultat fiel indes auch in diesem Falle ganz gegenteilig aus. Die Brauereihefe war nämlich, gleichwie in allen meinen anderen Versuchen, von den wilden Hefearten vollständig zurückgedrängt worden, und dennoch waren diese, wie oben bemerkt, am Anfang des Versuches nur in äuferst geringer Einmischung vorhanden. Die neuen Einwände Veltens sind hierdurch also auch vollständig widerlegt worden.

Daraus, dafs Pasteur und seine Mitarbeiter ein Verfahren, welches gerade Krankheiten im Biere hervorruft, empfehlen konnten, geht deutlich hervor, dafs sie kein Verständnis hatten von der Rolle, welche gewisse Hefenarten als Krankheitserreger spielen, und dafs der Kernpunkt des Problems von der Reinzucht der Hefe überhaupt ihrer Aufmerksamkeit entgangen war. Ich habe daher diese Untersuchungen in neuen Bahnen einführen müssen. Meine Gegner haben mir dies nicht vergeben können. Recht besehen, spricht aus den immer wieder gegen mich gerichteten Angriffen, seien sie klein oder grofs, ein Zorn darüber, dafs nicht das grofse Frankreich, sondern das kleine Dänemark es war, welches die neue Reform einführte.

## 3.

In biologischer Beziehung haben die vorerwähnten Versuche uns gelehrt, dafs die Brauerei-Unterhefearten, mit welchen experimentiert wurde, es nicht vermögen, die Behandlung in der Zuckerlösung mit Weinsäure auszuhalten; ein wenig mehr Widerstandsvermögen schien die Brauerei-Oberhefeart Sacch. cerevisiae I zu besitzen; aber auch diese wurde von den wilden Hefearten überwältigt. Das gröfste Widerstandsvermögen zeigten die Krankheitshefen Sacch. Pastorianus I und Sacch. ellipsoideus II. Unter anderen Versuchsbedingungen werden die Resultate sich vielleicht etwas verschieden stellen.

Was hier und früher gegen die Anwendung von Weinsäure zur Darstellung reiner Hefe vorgeführt wurde, gilt im Prinzipe auch von anderen derartigen Mitteln und Verfahrungsweisen. Es wäre somit ein Irrtum, zu glauben, dafs man, wenn man statt Weinsäure ein anderes antiseptisches Mittel, z. B. Karbolsäure, Salicylsäure,

Flufssäure u. s. w., benutzte, dadurch befähigt würde, nicht nur alle vorhandenen Bakterien, sondern gleichzeitig auch noch alle wilden Hefearten zu töten, so dafs man nur die gewünschte Kultur-Hefeart oder -Rasse allein, von allen Konkurrenten befreit, zurückbehielte. Ein solches Universalmittel gibt es nicht. Auch mufs erinnert werden, dafs, selbst wenn man die Bakterien und die wilden Hefearten glücklich losgeworden ist, man doch noch lange nicht die gewünschte Reinkultur erreicht hat. Von guten Bierhefearten gibt es nämlich eine grofse Anzahl, sowohl Ober- als Unterhefearten, und viele unter ihnen reagieren, wie verschieden sie auch sonst sein mögen, sehr häufig auf dieselbe Weise gegenüber der antiseptischen Behandlung. Komplizierter werden die Verhältnisse ferner dadurch, dafs zu ein und derselben Spezies gehörige Zellen umgekehrt verschieden reagieren können gegenüber ein und derselben Behandlung, nämlich je nach den wechselnden Zuständen, in denen sie sich befinden, je nachdem sie jung oder alt, mehr oder weniger wohlgenährt sind u. s. w. Dafs es auch durchaus nicht gleichgiltig ist, ob man in der Anstellhefe die gewünschte Art für sich allein oder in Zusammensetzung mit anderen Bierhefearten hat, geht u. a. auch daraus hervor, dafs Kulturhefearten, welche, wenn sie allein da sind, jede für sich gutes Bier geben, unter gewissen Umständen aber, wenn sie mit einander gemischt werden, Krankheit hervorrufen können (siehe meine nachstehende Abhandlung). Die Sicherheit kann, kurz gesagt, auf den oben erwähnten Wegen nicht erreicht werden; dies erfordert, dafs man von dem Individuum, von der einzelnen Zelle den Ausgangspunkt nehme und hiervon die absolute Reinkultur herstelle.

Es ist eine bekannte Sache, dafs ein Zusatz von Weinsäure die Entwickelung der meisten in Stellhefe und Bierwürze auftretenden Bakterienarten hindert; aus dem vorhergehenden haben wir aber gesehen, wie gefährlich dieses Mittel sein kann. Wo man in Brauereien dasselbe anzuwenden wünscht, ist es daher rätlich, nur schwache Zusätze zu gebrauchen und es überhaupt mit grofser Behutsamkeit anzuwenden. Gute Brauereien arbeiten auch heutzutage, ohne zu Antiseptica ihre Zuflucht zu nehmen. Eine streng durchgeführte Reinlichkeit und Ordnung in Verbindung mit einer guten Reinzuchthefe in den Garbottichen ist der Weg dazu.

Wenn die Frage vorliegt, ob in einer bestimmten Probe von Stellhefe Krankheitshefen sich befinden oder nicht, wird die von mir vor einigen Jahren angebene Methode angewendet, indem Sporenkulturen bei 25 und 15° C. angestellt werden. Die Krankheitshefen bilden nämlich unter diesen Umständen ihre Sporen früher als die Brauereihefen, ferner ist auch hinsichtlich des Aussehens der Sporen ein Unterschied. Wie oben erwähnt, kann man vermittelst dieser Methode eine so geringe Einmischung von Krankheitshefe in der Brauereihefe wie von $1/2$ % nachweisen. Es ist jedoch mit nicht geringer Schwierigkeit verbunden und erfordert ziemlich viel Übung, so geringe Einmischungen zu entdecken. Aus dem obigen haben wir indes ersehen, dafs ein Züchten in einer Lösung von 10 % Saccharose, zu der ungefähr 4 % Weinsäure gesetzt wurde, ein vorzügliches Mittel ist, zu erfahren, ob wilde Hefenarten in einer Stellhefe sich befinden oder nicht. In allen untersuchten Fällen wurde nämlich, wie wir gehört haben, die Brauereihefe von wilden Hefenarten unterdrückt, wenn von Anfang an solche vorhanden waren, und dieses geschah sowohl mit Bier-Oberhefe wie mit Bier-Unterhefe. Die in dieser Richtung angestellten Untersuchungen sind so zahlreich, dafs die von mir gefundene Regel gewifs eine weitreichende Giltigkeit hat; dafs man durch fortgesetztes Suchen Ausnahmen davon finden können wird, ist jedoch höchst wahrscheinlich. Eine jede Methode hat bekanntlich ihre Grenzen, und dieses gilt in besonderem Grade von den biologischen. — Für die praktische Brauerei-Analyse ist die Probe indes in ihrer jetzigen Gestalt zu fein; denn, wie wir gesehen haben, zeigten meine Untersuchungen ja, dafs die gute Brauereihefe bei dieser Probe einen starken Ausschlag für wilde Hefe gab. Bei Anwendung derselben würde man also in die Lage kommen können, eine Stellhefe zu verwerfen, welche doch, praktisch genommen, in Wirklichkeit eine gute war. Ob man vermittelst Änderungen in der Methode es dazu bringen kann, dafs dieselbe zu dem genannten Zwecke angewendet werden kann, habe ich nicht untersucht. Die Frage verdient indes eine genauere Untersuchung, und ich empfehle sie deshalb der Aufmerksamkeit der Zymotechniker.

Unter den Brauereien, welche mein Hefereinzucht-System eingeführt haben, befinden sich nun viele, welche dazu einen geschlossenen Vermehrungsapparat anwenden, in welchem die Hefeerzeugung in absolut reinem Zustande vor sich geht. Die Forderung ergibt sich natürlich von selbst, dafs in dem Gärungscylinder nicht irgendwelche Verunreinigung sein darf, also auch keine Spur von wilder Hefe. Wenn mit Genauigkeit mit dem Apparat gearbeitet wird, so wird die Hefe darin auf unbegrenzte Zeit rein bleiben. Ich kenne Brauereien, in welchen der Apparat zwei bis drei Jahre in unausgesetzter Thätigkeit war, ohne dafs es notwendig war, eine neue Reinkultur einzuführen. Wendet man aber den Apparat nicht auf die richtige Weise an, so wird eine Infektion sich leicht einschleichen können. Ich brauche jedoch nicht länger hierbei zu verweilen, da ich in meinen „Untersuchungen aus der Praxis der Gärungsindustrie" 1. Heft, ausführliche Aufschlüsse sowohl über den Bau des Apparates als über dessen Anwendung in den Brauereien gegeben habe.

Aus dem obigen folgt, daſs es richtig ist, in Zwischenräumen den Zustand der Hefe im Apparat einer scharfen Kontrolle zu unterziehen. Hierzu gehört, daſs man mit Vorsicht Proben der gärenden Würze des Gärungscylinders entnimmt, am besten gegen Ende der Hauptgärung; denn in diesem Stadium wird man leichter sowohl Bakterien als wilde Hefenarten finden können, wenn solche da sind. Von hier aus werden wiederum kleine Portionen in Kolben mit Hefenextrakt übergeführt, welche dann bei einer höheren Temperatur, z. B. 25° C., gestellt werden, um zu sehen, ob eine Bakterienvegetation sich darin entwickelt oder nicht. Den Rest läſst man stehen, bis die Hefe sich zu Boden gesetzt hat, worauf das Bier abgegossen wird und Durchschnittsproben der Hefe in die weinsaure Zuckerlösung übergeführt werden. Die Behandlung kann dann geschehen, wie ich dieselbe in dem fünften und sechsten Versuche der vorliegenden Abhandlung beschrieben habe, bei gewöhnlicher Zimmerwärme oder 25° C.; drei oder höchstens vier Züchtungen in der Zuckerlösung werden genügen. Die so behandelte Hefe wird dann einige Male in Bierwürze gezüchtet, wonach sie unter dem Mikroskope und mittels der von mir angegebenen Sporenanalyse untersucht wird. Wenn so schwache Spuren wilder Hefe vorhanden sind, daſs man dieselben mit den bisher gekannten Untersuchungsmethoden nicht zu entdecken vermag, wird die Behandlung mit Weinsäure sie doch zu einer so starken Entwicklung bringen, daſs sie sichtbar werden; auch von einigen der unter dem Namen Mycoderma cerevisiae beschriebenen Arten gilt dies.

Für diese Analyse empfehle ich also schon jetzt die beschriebene Behandlung mittels Weinsäure dann und wann in Anwendung zu bringen.

### 4.

Jetzt wie früher möchte ich am liebsten jede Kritik der Arbeiten Pasteurs durchaus vermeiden, aber meine Gegner haben mir dies nicht gestattet. Wenn wir genauer untersuchen, was Pasteur eigentlich gemeint hat, wenn er von der Darstellung einer reinen Hefe zu Brauereizwecken sprach, so finden wir in seinem Werke zwar keine so deutliche Aufklärung darüber, als wir wünschen möchten, aber Vieles deutet doch darauf hin, daſs er die Begrenzung seiner Methoden selbst erkannt hat. (Études sur la bière, pag. 227), und daſs sein Ziel nur das war, die Brauereihefe von Bakterien zu befreien. Wenn er in dem obengenannten Werke pag. 4—7 eine Übersicht der Krankheitsformen gibt, welche seiner Ansicht nach das Bier angreifen können, ist daher auch nur von Bakterien und gar nicht von Alkoholgärungspilzen die Rede. (Dieselbe Auffassung hat, wie schon oben erwähnt, auch Velten, und sie wurde ebenfalls von Duclaux in seinen beiden Werken, nämlich Chimie biologique, 1883, pag. 618, und Le microbe et la maladie, 1886, pag. 91 bis 95, ausgesprochen). Nachdem Pasteur die verschiedenen Verfahrungsweisen, welche er im Jahre 1876 zur Reinigung der Hefe anwendete, erwähnt hat, sagt er pag. 227: „Das beste Mittel zur Entscheidung, ob eine Hefe rein sei oder nicht, besteht darin, dafs man sie zur Herstellung von etwas Bier in einem zweihalsigen Kolben benutzt, und wenn die Gärung zu Ende ist, stellt man diesen Kolben in einen Thermostaten bei 20⁰—25⁰ C. Wenn das Bier nach einigen Wochen unter diesen Umständen sich nicht trübt und auch nicht mit einer Haut bedeckt wird, wenn der Hefenbodensatz bei einer mikroskopischen Untersuchung rein zu sein scheint, und wenn endlich der Geschmack des Bieres nicht auf irgend eine andere Weise beeinträchtigt wurde, als dadurch, dafs er schal geworden ist, so hat man allen Grund, sich darauf zu verlassen, dafs die Hefe rein gewesen ist." Diese Probe ist eine gute Illustration von dem Standpunkte, auf welchem die Forschung sich damals befand.

Insofern man dadurch nur darüber Aufschlufs wünscht, ob Bakterien und hautbildende Mycoderma-Arten da sind oder nicht, ist dieselbe sehr brauchbar. Ganz unbrauchbar ist sie dagegen, wenn es sich zugleich darum handelt, ob die vorhandenen Hefezellen einer oder mehreren Arten angehören. Die Bodensatzhefe kann sogar aus einer Mischung von einer guten Bierhefe nebst einigen der schlimmsten Krankheitshefearten bestehen, ohne dafs man unter den beschriebenen Umständen imstande sein wird, dieselben zu entdecken! Die mikroskopische Untersuchung genügt in diesem Falle durchaus nicht, und dasselbe gilt von den anderen angegebenen Merkmalen. Dieses geht schon aus einer theoretischen Betrachtung hervor, und greifbare Beweise erhält man, wenn man direkte Versuche anstellt.

Die Pasteursche Probe kann also nur dann gelten, wenn es sich ausschliefslich um Bakterien und Mycoderma-Arten handelt[1]).

Am deutlichsten spricht Pasteur sich im Bulletin de la Société d'encouragement pour l'industrie nationale, Janvier 1887, pag. 45, über diese Frage aus; er sagt hier: „Hansen ist der Erste, welcher eingesehen hat, dafs die Brauereihefe nicht blofs hinsichtlich der Bakterien, der eigentlichen Krankheitsfermente, rein sein mufs, sondern dafs sie auch von den wilden Hefenarten befreit sein mufs".

---

[1]) Einige zymotechnische Zeitschriften haben in der letzten Zeit die Brauer auf Pasteurs oben beschriebene Gärungsprobe in dem zweihalsigen Kolben verwiesen, als ein Mittel, zu erfahren, wie das Bier im Betrieb sich stellen werde. Es ist dies indefs ein grofser Irrtum! Das Bier, welches im Kolben hervorkommt, ist ganz anderer Art als dasjenige, welches in der Brauerei erzeugt wird, selbst wenn die Hefe und die Würze gleich sind. Die Gärungen und der Kampf zwischen den gegenwärtigen Mikroorganismen sind in den beiden Fällen unter so verschiedenen Verhältnissen vor sich gegangen, dafs ein Vergleich gar nicht stattfinden kann.

Pasteurs Arbeiten und die meinigen bezeichnen zwei ganz verschiedene Standpunkte.

Für Pasteur sind es die Bakterien, welche die Krankheiten des Bieres erregen, und seine Aufgabe wird es demgemäfs, die Hefe von diesen kleinen Wesen zu befreien; dieses erzielt er z. B. durch das oben beschriebene Verfahren. Seine Aufgabe ist es, die Brauereihefe zu reinigen (purification des levûres), nicht aber eine wirkliche Reinkultur daraus darzustellen.

Für mich spielen dagegen die Alkoholgärungspilze die Hauptrolle. Da ich im Jahre 1883 gezeigt hatte, dafs einige der allgemeinsten und gefährlichsten Krankheiten des untergärigen Bieres nicht durch Bakterien, sondern durch gewisse Saccharomycesarten verursacht werden, so folgte schon hieraus, dafs eine Reinigung der Hefe, wie die von Pasteur angegebene, nicht zum Ziel führen konnte, sondern dafs eine wirkliche Reinkultur erforderlich war. Und da ich durch ein eingehendes Studium der Saccharomyceten zu der Einsicht gelangte, dafs die Ansichten meiner Vorgänger über den Begriff der Spezies auf diesem Gebiete unrichtig waren, indem z. B. unter dem systematischen Namen Sacch. cerevisiae sich eine ganze Reihe in ihrer Wirkung sehr verschiedener Ober- und Unterhefearten und -Rassen verbirgt, so folgte ferner hieraus, dafs es nicht genügte, eine Reinkultur herzustellen, sondern dafs man, um den bei der Fabrikation der verschiedenen Bier- und Wein-Sorten, sowie von Spiritus und Prefshefe, je nach der verschiedenen Beschaffenheit des Produktes gestellten Anforderungen gerecht zu werden, eine planmäfsige Auswahl der geeignetesten Art oder Rasse vornehmen mufs. So kam ich dazu, in der Gärungsindustrie dieselben Prinzipien einzuführen, welche im Gartenbau und in der Landwirtschaft schon längst bei der Kultur der höheren Pflanzen in Anwendung gebracht wurden.

Indem ich also von anderen Gesichtspunkten und anderen Methoden als mein berühmter Vorgänger ausging, mufsten auch die Resultate andere werden. Oftmals habe ich in meinen Schriften die grofse Bedeutung hervorgehoben, welche die Études sur la bière für meine Arbeiten gehabt, und ich wiederhole dieses hier wieder mit dankbarer Anerkennung. Dagegen mufs ich gegen die Versuche, welche französischerseits gemacht worden sind, der Entwickelung Einhalt zu thun und Alles auf den Standpunkt von 1876 zurückzuführen, protestieren; denn dieses widerstreitet dem Geist des Fortschrittes. Falls der berühmte Lehrer meiner Gegner seine Studien in diesem Gebiete fortgesetzt hätte, würde er selbst dieselben viel weiter gebracht haben.

Juli 1892.

## III.

# Untersuchungen über Krankheiten im Biere, durch Alkoholgärungspilze hervorgerufen.

### I. Einleitung.

Meine erste Abhandlung über den obengenannten Gegenstand wurde in den Mitteilungen des Carlsberger Laboratoriums, Bd. II, Heft 2, 1883, veröffentlicht. Die später von mir eingeführte Teilung meiner Untersuchungen über die Gärungsorganismen in zwei Reihen hatte ich damals noch nicht vorgenommen; deshalb befindet sich diese Abhandlung unter meinen „Untersuchungen über die Physiologie nnd Morphologie der Alkoholgärungspilze", obschon sie ihrem Inhalt nach vielmehr der neuen Reihe angehört, welche ich im Jahre 1888 unter dem Namen „Untersuchungen aus der Praxis der Gärungsindustrie" herauszugeben begann. Im Jahre 1884 veröffentlichte ich in der „Zeitschrift für das ges. Brauwesen" eine kleine Mitteilung über neue Studien in der genannten Richtung. Diese Arbeiten enthalten jedoch lediglich die Hauptresultate meiner vor acht Jahren ausgeführten Experimente, und ich versprach darin, später eine ausführlichere Darstellung davon geben zu wollen und dann zugleich die verschiedenen Seiten der Frage zu behandeln. Auch habe ich seitdem mit kürzeren oder längeren Unterbrechungen diese Untersuchungen fortgesetzt und hierzu mehr als fünfzig Versuchsreihen angestellt. Für den Augenblick wenigstens glaube ich damit zu Ende gekommen zu sein, und indem ich nun die vorliegende Arbeit herausgebe, war ich bestrebt, die in den beiden oben genannten vorläufigen Mitteilungen gegebenen Versprechen zu erfüllen.

Diejenigen von meinen Untersuchungen, welche sich direkt auf die Gärungsindustrie beziehen, gruppieren sich um drei Hauptfragen: „Die Frage betreffs der Krankheiten des Bieres, die Frage betreffs der Reinzüchtung der Hefe und die Frage betreffs der Anwendung plangemäfs ausgewählter Hefenarten oder Rassen".

Es war die bei der Behandlung der ersten dieser Fragen erhaltene Lösung, welche mich veranlafste, in diese praktischen Studien auch die beiden anderen Fragen aufzunehmen. Falls es sich nämlich gezeigt hätte, dafs die Alkoholgärungspilze keine Krankheiten hervorrufen, so würde es keinen zwingenden Grund gegeben haben, wirkliche Reinkulturen in der Industrie einzuführen, folglich auch nicht, die Auswahl einer einzigen bestimmten Art oder Rafse vorzunehmen.

Die Frage betreffs der Krankheiten im Biere und anderen gärenden Flüssigkeiten hat also eine grofse Bedeutung. Die Lösung ist auch nicht auf einmal gekommen; es arbeiteten viele Forscher seit langer Zeit daran. Die Untersuchungen auf diesem Gebiete stehen in engem Zusammenhange mit den Forschungen über die Selbsterzeugung, deren Erfolg bekanntermaßen der war, daß eine neue experimentale Wissenschaft entstand, nämlich die Wissenschaft von den Mikroorganismen. Innerhalb dieser nimmt die Lehre von den Krankheiten in gärenden Flüssigkeiten einen nicht unbedeutenden Platz ein. Es muß daher eine Darstellung der Art und Weise, wie diese Lehre sich allmählich entwickelt hat, sowohl für den Biologen als für den praktischen Zymotechniker Interesse haben. Dieses gilt jedoch natürlich nur, insofern eine solche Darstellung auf einem gründlichen Studium der Quellen basiert und uns die wechselnden Standpunkte in anschaulicher Weise vor die Augen führt, und zwar nicht losgerissen, sondern in ihrem wechselseitigen Zusammenhange. In dem folgenden Kapitel habe ich einen Versuch in dieser Richtung gemacht. Es ist das erste Mal, daß die Geschichte dieser Frage geschrieben wird.

### 2. Wie die Lehre von Krankheiten in gärenden Flüssigkeiten sich nach und nach entwickelt hat.

Es sei zunächst daran erinnert, daß wir, wenn wir an dieser Stelle von Krankheiten reden, darunter die unliebsamen Veränderungen verstehen, welche gärende Flüssigkeiten, namentlich Bier und Wein, infolge des Eingreifens von Mikroorganismen erleiden können. In engem Zusammenhange mit den Untersuchungen über Krankheiten in gärenden Flüssigkeiten steht, wie oben berührt, die große Frage betreffs der Selbsterzeugung (generatio aequivoca). Unter Selbsterzeugung oder Urzeugung verstehen wir den Vorgang, daß lebendige Wesen sich aus der toten Natur, insbesondere aus formloser organischer Masse, ohne Eier, Samen oder Keime, entwickeln.

Es gab zu allen Zeiten Naturforscher, welche dieser Auffassung huldigten. In den Jahren 1745—1756 wurde sie durch die Schriften, welche Needham herausgab, wieder ins Leben gerufen. Einer seiner Versuche bestand darin, daß er Fleischwasserextrakt in verschlossenen Kolben einem starken Erhitzen aussetzte. Da sich nun gleichwohl Organismen darin entwickelten, meinte er, diese müßten durch eine Selbsterzeugung hervorgebracht sein. Buffon und eine große Anzahl anderer Gelehrten schlossen sich seiner Lehre an.

Es traten jedoch auch Gegner derselben auf; der bedeutendste unter diesen war Spallanzani. Er begann im Jahre 1765, Berichte über eine Reihe von Versuchen herauszugeben, die gegen die Auffassung Needhams gingen. Die Kolben, mit denen er seine Versuche anstellte, verschloß er hermetisch und stellte sie dann in ein Gefäß mit kochendem Wasser, wo sie ungefähr eine Stunde lang der hohen Temperatur

desselben ausgesetzt wurden. Nach dieser Behandlung traten keine Mikroorganismen in den Kolben auf, auch nicht nachdem sie abgekühlt worden
waren; sobald er aber Luft in dieselben einströmen liefs, fand er solche.
Spallanzani zog aus seinen Versuchen den Schlufs, dafs eine Selbsterzeugung nicht stattfindet, und dafs die Keime, oder wie er dieselben
nannte, die Eier für die Entwickelung der Mikroorganismen in der Luft
sich befinden; wenn diese zu den Absuden, mit denen er und Needham
experimentierten, Zutritt bekommen, entwickeln sie sich weiter.

Es würde uns zu weit von unserer Hauptaufgabe wegführen, wenn
wir hier die Geschichte dieser merkwürdigen Lehre behandeln wollten;
wir wollen deshalb lediglich bei den Punkten in derselben verweilen,
welche für die Untersuchungen über Krankheiten in gärenden Flüssigkeiten eine besondere Bedeutung haben. Demgemäfs wird auch nur der
Teil der Literatur, welcher auf diese Frage direkt Bezug hat, zitiert.

Bereits im Jahre 1782 hatte der berühmte schwedische Chemiker
Scheele eine praktische Anwendung von Spallanzanis Experimenten
gemacht. Er veröffentlichte nämlich ein Verfahren zum Konservieren
des Essigs[1]). Dieser wird nach demselben in Flaschen abgefüllt, welche
gut verschlossen in ein Gefäfs mit Wasser gestellt werden. Das Wasser
wird sodann erwärmt, und nachdem es eine Weile gekocht hat, nimmt
man die Flaschen heraus. Der auf diese Weise behandelte Essig kann,
wie Scheele sagt, sich Jahr und Tag erhalten, ohne sich zu trüben
noch zu verderben. Es ist dieselbe Methode, welche noch heute Anwendung findet.

Eine Andeutung des Verhaltens der Mikroorganismen den Krankheiten gärender Flüssigkeiten gegenüber, finden wir zum ersten Mal in
der Ausgabe des Werkes Chaptals: „L'art de faire le vin", welche
1807 erschien[2]).

„Es gibt ein Phänomen, welches nicht nur die Aufmerksamkeit
der zahlreichen Autoren, welche sich mit den Krankheiten des Weines
beschäftigten, auf sich gezogen, sondern auch dieselben in Verlegenheit
gebracht hat. Ich denke hier an die Häute (les fleurs du vin), welche
sich in den Fässern und besonders in den Flaschen auf der Oberfläche
des abgezapften Weines entwickeln. Diese Hautentwickelung geht immer
dem sauren Degenerieren des Weines voraus und verkündet, dafs dasselbe

---

[1]) Carl Wilh. Scheele, Anmärkningar om sättet att conservera Ättika. (Kongl.
Vetenskaps Academiens nya Handlingar. Tom. III. Stockholm, 1782, p. 120). Französisch erschien diese Arbeit, laut der Angabe Pasteurs, in Scheeles „Mémoires
de Chimie, Dijon, 1785". Kurz nach Scheeles Tod wurden seine Werke auch in
anderen Sprachen herausgegeben.

[2]) Meine Quelle ist in diesem Falle Pasteurs: „Études sur le vin", denn
Chaptals Werk befindet sich in den öffentlichen Bibliotheken in Kopenhagen nicht.

eintreten wird. Meiner Ansicht nach ist sie eine Vegetation, eine Byssus-Bildung, welche der Fermentsubstanz angehört".

Wir finden also hier die Begriffe Krankheiten und Vegetation miteinander verknüpft, dürfen aber jedoch offenbar nicht Gewicht darauf legen; es ist alles mehr oder weniger als eine losgerissene Idee, als eine unklare Vorstellung anzusehen. Chaptals Mitteilung über diese Frage erfuhr jedenfalls keinen merklichen Einfluß auf den Gang der Forschung, und ich habe dieselbe nur deshalb erwähnt, weil sie den ersten Keim zur Annahme zu enthalten scheint, daß zwischen den gedachten Krankheiten und den Mikroorganismen ein Kausalitätsverhältnis besteht.

Eine ähnliche praktische Anwendung von den Versuchen Spallanzanis, wie die oben von Scheele beschriebene, wurde zu Anfang des Jahrhunderts von Appert gemacht. Dieser gab 1810 ein beachtenswertes Buch in Paris heraus, in welchem er ein Verfahren mittels Aufwärmen zur Konservierung verschiedener Nahrungsmittel ausführlich beschreibt.

Er hebt in seinem Buche hervor, daß er einen großen Teil seiner Lebzeit sowohl in den Küchen, wie in den Brauereien, in den Weinkellern, in den Fabriken der Konditoren und Destillateure und in den Magazinen der Gewürzhändler zugebracht habe. Er war kurz gesagt ein praktischer, tüchtiger Mann; man ersieht aber zugleich aus seinem Werke, daß er als Experimentator ungemein gut veranlagt gewesen, und daß er wenigstens einen großen Teil der Literatur, welche für seine Versuche Bedeutung hatte, studiert hat. Die Erfindung Scheeles erwähnt er jedoch nicht, und er hat dieselbe wahrscheinlicherweise gar nicht gekannt. Falls er etwas davon gehört hätte, ließe es sich denken, daß dies durch Gay-Lussac geschehen wäre. 1810 las nämlich dieser berühmte Chemiker, in der Pariser Akademie eine Abhandlung über Apperts Verfahren vor und es ist daher nicht unwahrscheinlich, daß sie in persönlicher Verbindung miteinander gestanden haben.

Von seinem Verfahren sagt Appert, daß es hauptsächlich in folgendem besteht: 1. Die aufzubewahrenden Substanzen in Flaschen oder gläsernen Geschirren einzuschließen. 2. Diese verschiedenen Geschirre mit der größten Sorgfalt zuzupfropfen, da wesentlich von der Art und Weise des Verschlusses ein glücklicher Erfolg abhänge. 3. Diese so eingeschlossenen Substanzen der Wirkung des kochenden Wassers in einem Wasserbade, längere oder kürzere Zeit hindurch auszusetzen, je nach ihrer Natur, und auf die für jede Substanz näher angegebene Weise. 4. Die Geschirre zu der vorgeschriebenen Zeit aus dem Wasser zu nehmen. Alle Apparate und Manipulationen sind auf das eingehendste beschrieben, und es werden genaue Vorschriften für die gehörige Behandlungsweise

verschiedener Früchte, Gemüse, Suppen, Milch, Fruchtsäfte u. s. w. gegeben. In ziemlich kurzer Zeit erschienen mehrere Ausgaben seines
Werkes sowohl in Frankreich als auch in anderen Ländern. Appert
wurde sowohl ein reicher, als ein berühmter Mann.

In der vierten französischen Ausgabe[1]) gibt er eine ausführliche
Anleitung zur Benutzung des Autoklaven, einer Modification des papinia-
nischen Topfes. Es finden sich indes in dieser Ausgabe zwei andere
Abschnitte, die noch gröfseres Interesse für uns haben; der eine
derselben handelt von dem Weine, S. 131, der andere von dem Biere,
S. 167.

Appert teilt mit, dafs die feinsten Weine Frankreichs zu seiner Zeit
nicht einmal kurze Seereisen vertragen konnten; einige waren sogar so
leicht dem Verderben ausgesetzt, dafs man sie überhaupt gar nicht versenden konnte, sondern an dem Orte, wo sie bereitet waren, auch trinken
mufste. Diese Weine behandelte Appert auf die folgende Weise: Dieselben wurden in Flaschen bis an den Hals derselben abgefüllt; sodann
wurden sie mit Stöpseln hermetisch verschlossen und mit Eisendraht über-
bunden. Zwischen dem Stöpsel und der Oberfläche des Weines befand
sich nun noch ein kleiner, luftgefüllter Zwischenraum. Diese Flaschen
wurden nun in ein Wasserbad gebracht, dessen Temperatur er vorsichtig
bis auf 70° steigen liefs. Einige wurden dann per Schiff nach St. Domingo
gesandt, und als sie nach Verlauf von zwei Jahren zurückkamen, wurden
sie untersucht. Zum Vergleich hatte er einige Flaschen des nicht er-
wärmten Weines in seiner Wohnung hingestellt. Diese letzteren hatten
einen unangenehmen Geschmack, während der erwärmte Wein hingegen
in jeder Beziehung sich als ganz vorzüglich erwies. Seine Versuche hatten
also gezeigt, dafs ein Wein, welcher sonst auf einer Reise wie die erwähnte zu verderben pflegte, in diesem Falle dieselbe ohne irgendwelchen
Schaden zu erleiden, zurückgelegt hatte. Mit wohlberechtigtem Selbst-
gefühl hebt er deshalb hervor, welch bedeutenden Vorteil sein Verfahren
gleichfalls auf diesem Gebiete Frankreich bringen könne, indem man hierdurch imstande sein werde, die feinen Weine des Landes auch nach
den entferntesten Gegenden der Erde zu versenden.

Das Bier unterzog er der gleichen Behandlung und erhielt einen
ähnlichen günstigen Erfolg.

Eine Erklärung von dem, was bei der Erwärmung eigentlich stattfand,
vermag Appert nicht zu geben, sondern gelangt hier nicht weiter als zu
der Erkenntnis, dafs es „das Prinzip der Gärung" sei, welches vernichtet

[1]) Le livre de tous les ménages ou l'art de conserver, pendant plusieurs années,
toutes les substances animales et végétales; par M. Appert. Quatrième édition.
Paris, 1831.

werde. Er sah ja doch, daſs in den von ihm mit Wärme behandelten Substanzen weder Gärung noch Verwesung eintrat. Erst dann kam die Erklärung, als Cagniard Latour und Schwann gezeigt hatten, daſs die Gärung durch die Wirksamkeit mikroskopischer Wesen verursacht wird. Schon lange bevor eigentlich etwas von den Ursachen, von welchen die Krankheiten gegorener Flüssigkeiten ihren Ursprung haben, bekannt war, hatte man also ein Mittel dagegen gefunden, und zwar obendrein gleich das beste von allen, welches wir noch heutigen Tages besitzen. Was später von verschiedenen Technikern hinzugefügt wurde, sind nur kleine Verbesserungen; in allem Wesentlichen wenden wir die Erwärmungsmethode, wie sie Scheele und Appert ausarbeiteten, an. Eine allgemein giltige Regel gibt es übrigens hier nicht. Wenn man einen guten Erfolg erzielen will, muſs man die Erwärmung je nach der Beschaffenheit der verschiedenen Flüssigkeiten denselben anpassen. Was z. B. für eine Bier- oder Weinsorte paſst, entspricht nicht immer auch einer anderen.

Apperts Verfahren zur Konservierung von Wein und Bier scheint erst eine allgemeine Anwendung gefunden zu haben, als Pasteur die Sache in die Hand nahm. Die Bestrebungen Pasteurs waren besonders darauf gerichtet, für den Wein dieser Behandlungsweise allgemeine Verbreitung zu verschaffen. Sein Mitarbeiter, Velten, führte Versuche mit Bier aus. Jetzt ist das Verfahren unter dem Namen Pasteurisieren über die ganze Welt verbreitet.

Scheeles Namen geriet auf diesem Gebiete völlig in Vergessenheit; nicht viele gibt es, welche daran denken, daſs diese schöne, praktische Erfindung einem Skandinavier zu verdanken ist.

Die Versuche und Ergebnisse Spallanzanis wurden nur von Wenigen gutgeheiſsen; besonders wendete man dagegen ein, daſs die in seinen hermetisch verschlossenen Kolben eingeschlossene Luft teils durch das Kochen verändert worden, teils auch in zu geringer Menge zugegen sei, als daſs eine Selbsterzeugung platzgreifen könnte.

In den Jahren 1836 und 37 stellten deshalb Franz Schulze und Theodor Schwann jeder für sich eine Reihe von Versuchen an. Durch diese wurde bewiesen, daſs verschiedene, leicht in Gärung und Verwesung übergehende Substanzen, sich unverändert erhalten können, wenn man dieselben kocht und dafür Sorge trägt, daſs die Luft, mit welcher sie später in Berührung kommen, von ihren Keimen befreit ist. Beide Forscher versahen deshalb ihre Kolben mit Stöpseln, welche je zwei Durchbohrungen hatten, und in jede von diesen brachten sie eine winkelförmige Glasröhre. Die Röhren dienten dazu, Luft in den Kolben zu führen. In Schulzes Versuchen wurde die Luft, die nach dem Kochen eingesogen wurde, dadurch gereinigt, daſs er sie durch eine Schicht Schwefelsäure strömen ließ. Schwann dagegen bewerkstelligte die

Reinigung der Luft durch Glühen. Die Versuche beider zeigten, dafs man beliebige Luftmengen, seien sie auch noch so grofs, in solche Absude leiten kann, ohne dafs Verwesung, Gärung oder. Entwickelung von Mikroorganismen eintritt; die Versuche bewiesen mithin gerade das Entgegengesetzte von dem was Needham behauptete und bestätigten die Richtigkeit der Resultate Spallanzanis.

Die Jahre 1836—39 sind in der Geschichte der Mikrobiologie bemerkenswert durch die epochemachenden Untersuchungen von Cagniard Latour und Theodor Schwann. Durch diese wurde nämlich zum ersten Male der Beweis geliefert, dafs die Alkoholhefe aus lebenden Zellen besteht, und dafs diese es sind, welche die Alkoholgärung hervorrufen. Was früher in dieser Richtung mitgeteilt worden war, waren nur blofse Mutmafsungen.

Zu derselben Zeit war Kützing zu einem ähnlichen Resultat gelangt. In seiner Abhandlung hierüber gibt er indes nicht blofs Beschreibungen und Abbildungen von Hefenzellen, sondern auch noch von der Essigmutter und von verschiedenen Schimmelpilzen[1]). Er hat den Unterschied zwischen den Hefezellen und den Zellen der Essigmutter deutlich beobachtet, und wie mangelhaft seine Abbildungen der letzteren auch sind, zeigen sie doch, dafs er wirklich schon zu jener Zeit eine der Bakterien, welche die Essigsäurebildung hervorrufen, entdeckt hat. Dieselbe wird von ihm mit dem systematischen Namen Ulvina aceti bezeichnet, weil sie es ist, welche die saure Gärung gibt.

Wenn Wein und Bier essigsauer werden, so sagen wir, sie seien von einer Krankheit befallen, und gerade diese rechnen wir zu den allerärgsten. Bei Kützing finden wir zum ersten Male in der Literatur Aufklärungen darüber, wie eine solche Krankheit entstehen kann. Die Bezeichnung Krankheit benutzte er jedoch nicht, und er dachte überhaupt nicht daran, seine Untersuchungen für die Praxis zu verwerten.

Dasselbe gilt ebenfalls von Turpin. Dieser Forscher veröffentlichte 1838 eine für die damalige Zeit berühmte Abhandlung[2]), in der er, ebenso wie Kützing, nicht nur Alkohol- und Essigsäuregärung hervorrufende Pilze, sondern auch noch mehrere andere Mikroorganismen bespricht. Das Hauptresultat, zu dem er gelangte, drückt er S. 134 in dem folgenden Lehrsatz aus: „Keine Spaltung von Zucker, keine Gärung ohne die physiologische Thätigkeit einer Vegetation". Es war also schon damals bekannt, dafs es verschiedene Mikroorganismen gibt, welche verschiedene Gärungen hervorrufen; allein ein tieferes Verständnis dieser Verhältnisse

---

[1]) Kützing, Mikroscopische Untersuchungen über die Hefe und Essigmutter. (Journal f. praktische Chemie, Jahrg. 1837, 2. Bd. S. 385.)

[2]) Turpin, Mémoire sur la cause et les effets de la fermentation alcoolique et acéteuse. Paris. Lu à l'Académie. 1838.

fehlte noch, und von dem Ursprung der mikroskopischen Wesen hatten sowohl Kützing wie Turpin ganz unrichtige Vorstellungen.

Gegen die oben erwähnten Versuche von Schulze und Schwann könnte noch der Einwand erhoben werden, daſs die Luft, welche sie in ihre Kolben einströmen lieſsen, im voraus in gewaltsamer Weise behandelt (in Schulzes Versuchen mit Auswaschung in Schwefelsäure, in Schwanns durch Glühen) und hierdurch möglicherweise derart verändert worden war, daſs die tote Substanz schon aus diesem Grunde allein es nicht vermöchte, lebendig zu werden. Gegen diesen Einwand gingen die schönen Untersuchungen, welche 1854 von Schröder und Dusch angestellt wurden. Die von diesen Forschern angewendete Versuchsanordnung war dieselbe wie in den vorhergehenden Fällen; nur wurde an einer der zwei von dem Stöpsel des Kolbens ausgehenden Röhren ein baumwollener Filter angebracht. Durch diesen lieſsen sie nach dem Kochen die Luft in den Kolben hineinströmen; die Reinigung der Luft wurde somit in diesem Falle durch eine Filtrierung bewerkstelligt. Sie wählten als Filtrationsmittel Baumwolle, „weil", wie sie sagten, „von ihr bekannt ist, daſs sie ansteckende Krankheitsmiasmen auf ihrer Oberfläche zurückzuhalten und weithin zu verschleppen imstande ist". Die gekochte organische Substanz im Kolben kam in diesem Versuche nicht nur mit groſsen Luftmengen, sondern auch mit einer Luft in Berührung, welche in ihrer Zusammensetzung in keiner Beziehung verändert worden war; nur die darin schwebenden kleinen Körperchen waren entfernt worden.

In ihren Versuchen mit Fleischextrakt und Bierwürze gelangten sie zu dem nämlichen Resultate wie Schwann; wenn sie aber mit Milch und etlichen anderen Stoffen experimentierten, gelang es ihnen nicht immer. Es blieb also noch Unklarheit in mehreren Punkten.

Für die Gärungsindustrie besitzen jene alten Untersuchungen über die Urzeugung noch ein besonderes Interesse dadurch, daſs durch sie nicht nur die Prinzipien für die Sterilisation, sondern auch noch die Modelle für die dazu gehörigen Apparate gegeben wurden. Sie belehrten uns, daſs die Bierwürze nach dem Kochen steril ist, und daſs sie sich in diesem Zustande erhalten wird, auch wenn wir Luft in sie leiten, wenn wir nur dafür Sorge tragen, dass diese Luft von ihren Keimen befreit ist. Die Luftreinigung hat man in der Praxis teils nach Schwanns, teils nach Schröders und Duschs Methoden vorgenommen; namentlich die letztere hat eine sehr groſse Anwendung bekommen. Die von Schulze, Schwann, Schröder und Dusch benutzten Kolben mit gebogenen Röhren sind Modelle geworden für die verschiedenen Kulturkolben, welche wir nunmehr in den bakteriologischen und gärungsphysiologischen Laboratorien anwenden. In den meisten Fällen verschlieſsen wir diese Kolben mittels Schröders und Duschs baumwollener Filter. Es sind namentlich Pasteur und seine Schüler, durch welche diese Technik später zu einem hohen Grade von Vollkommenheit entwickelt worden ist. Die Kulturkolben in den Laboratorien sind wiederum für die grofsen Apparate, welche jetzt in vielen Fabriken zur Reinzucht der Hefe benutzt werden, als Modelle genommen.

Die erste Andeutung davon, dafs einige der Alkoholgärungspilze selbst auch als Krankheitserreger auftretend gedacht werden könnten, finden wir bei Bail[1]. Im Jahre 1857 spricht er nämlich die Anschauung aus, dafs verschiedene Hefenarten oft verschiedene Gärungen hervorrufen. Er weist ferner darauf hin, dafs es möglicherweise von praktischer Bedeutung sein könne, eine planmäfsige Zucht von irgend einer Hefenart vorzunehmen.

Es ist bekanntlich leichter, eine Idee auszusprechen, als durch Experimente zu beweisen, in welchem Grade die Mutmafsungen richtig sind; erst durch eine solche Beweisführung werden aber die wirklichen Errungenschaften erzielt, gleichviel ob dieselben der Wissenschaft oder der Praxis gelten. Bail stellte keine Versuche an, und beschränkte sich darauf, die gedachten Mutmafsungen auszusprechen. Er tritt zudem, sowohl in der obengenannten Abhandlung als noch mehr in seinen späteren, für die Lehre ein, dafs Hormiscium cerevisiae (der Bierhefepilz), ebenso wie andere Hefenzellen, nur eine Entwickelungsstufe höherer Formen, z. B. von Mucor und anderen Schimmelpilzen sei. Dafs seine morphologische Auffassung ganz unrichtig war, haben namentlich De Barys und Reess' Untersuchungen erwiesen.

In zymotechnischen Schriften von den darauffolgenden Jahren finden wir auch dann und wann die Vermutung ausgesprochen, dafs in der Gärungsindustrie, sowohl von Ober- als von Unterhefe, verschiedene Arten oder Rassen auftreten. Beobachtungen in der Praxis selbst mufsten natürlich leicht zu einer solchen Auffassung führen, und die im Vorhergehenden erwähnten Untersuchungen machten wohl auch ihren Einflufs geltend.

Wir sind hiermit bei dem Zeitpunkte angelangt, wo Pasteur auftrat. Derselbe gab nämlich im Jahre 1857 eine Abhandlung über die Milchsäuregärung heraus. In dieser zeigt er, dafs die genannte Gärung durch einen organisierten Körper verursacht wird, welcher seiner damaligen Auffassung nach der Bierhefe nahe steht. Dafs er auf diesem Stadium nicht darüber ins Klare kommen konnte, was für ein Mikroorganismus es eigentlich war, folgt von selbst.

Im Jahre 1860 teilte Pasteur die wichtigsten Ergebnisse seiner zahlreichen und sehr eingehenden Untersuchungen über die Selbst-

---

[1] Th. Bail, Über Hefe. (Flora 1857, Nr. 27 und 28, S. 438.)

erzeugung mit. Diese Arbeiten setzte er durch die darauffolgenden Jahre fort, und mit grofser Kraft und Tüchtigkeit trat er gegen die Versuche auf, welche noch hin und wieder von verschiedenen Seiten gemacht wurden, um zu zeigen, dafs Needhams Lehre von der Selbsterzeugung die richtige sei. Pasteur konnte immer in solchen Fällen nachweisen, dafs bei den angestellten Experimenten, wenn auch die Methode im wesentlichen richtig war, irgend ein Fehler begangen worden war; z. B. dafs unreine Luft nicht vollständig abgeschlossen, oder die Erwärmung nicht genügend gewesen war. Dinge, welche wie Kleinigkeiten aussehen, können eben hier eine grofse Bedeutung bekommen. Die Ideen, welche Spallanzani und seine Anhänger verfochten hatten, wurden so durch die scharfsinnigen und ausdauernden Forschungen Pasteurs endlich zum Siege gebracht.

Wir haben oben gesehen, dafs Kützing im Jahre 1837 einige Beobachtungen über eine von ihm entdeckte Essigsäurebakterie veröffentlichte. Diese Untersuchungen wurden von Pasteur wieder aufgenommen und einer eingehenden experimentellen Behandlung unterzogen[1]).

Er gab eine gute Beschreibung und Abbildung der in den französischen Essigbrauereien auftretenden Bakterienvegetation, die er Mycoderma aceti nannte. Durch seine Versuche wurde es mit Sicherheit bewiesen, dafs es diese Vegetation ist, welche die Bildung von Essigsäure hervorruft. Auch die chemischen Seiten der Frage behandelt er. Diese Untersuchung gehört überhaupt zu den hervorragendsten.

In Frankreich benutzt man namentlich Wein zur Darstellung des Essigs. Die Gärung geschieht in nur teilweise gefüllten Fässern von 2—4 hl Rauminhalt und von der gewöhnlichen Gestalt. In passenden Zwischenräumen zapft man eine gewisse Portion Essig aus und füllt eine entsprechende Portion Wein hinein. Dieselben Fässer werden auf diese Weise mehrere Jahre hindurch benutzt, ohne gänzlich entleert und folglich auch, ohne gereinigt zu werden. Unter diesen Umständen entwickeln sich die sogenannten Essigaale in ungeheurer Menge. Pasteur wies nach, dafs diese kleinen Würmer die Entwickelung der Essigsäurebakterien hemmen können und so bewirken, dafs die Gärung in den betreffenden Fässern nicht in der richtigen Weise vor sich geht; man sagt dann in den Fabriken, dafs der Essig krank (malade ou tourné) ist. Auf grund seiner vorerwähnten theoretischen Untersuchungen arbeitete er nun ein neues Verfahren aus. Anstatt der genannten Fässer mit den verhältnismäfsig dicken Flüssigkeitsschichten wendete er flache Bottiche an, in denen der Flüssigkeit eine grofse Oberfläche dargeboten wird, und auf dieser säte er einen

---

[1]) Pasteur, Mémoire sur la fermentation acétique. (Annales scientifiques de l'École Normale supérieure, T. 1, 1864). — Pasteur, Études sur le vinaigre. Paris, 1868.

kleinen Teil einer Hautvegetation von einer vorhergehenden Gärung aus. Nach wenigen Tagen wird unter diesen Umständen die ganze Menge Alkohol, welche der betreffende Wein enthielt, in der Regel in Essig umgewandelt worden sein. Der Bottich wird danach gereinigt und eine neue Gärung auf dieselbe Weise eingeleitet. Man arbeitet nach diesem Verfahren also schneller als nach dem oben beschriebenen und entgeht den Essigaalen; defsungeachtet hat es keine Verbreitung erlangt. In Frankreich verwendet man noch immer das alte, langsame Verfahren, namentlich in der sogenannten orleanschen Form, und in den übrigen Ländern fast ausschliefslich das neue deutsche, schnelle Verfahren ("Schnellessigfabrikation" mit Hilfe von Holzspänen u. s. w.). Eine nähere Untersuchung der Vorzüge und Mängel der verschiedenen Fabrikationsweisen würde indes hier nicht am Platze sein.

Pasteur fafste die erwähnte Bakterienvegetation als aus einer einzigen Art bestehend auf. Im Jahre 1879 zeigte ich, dafs sie zwei sehr deutlich unterscheidbare Arten in sich fafst, und ich bezeichnete die eine derselben mit dem Namen meines berühmten Vorgängers, indem ich sie Mycoderma Pasteurianum benannte. Zopf und andere Bakteriologen haben später den Gattungsnamen in Bacterium verändert. Die Zahl der Arten ist in der neueren Zeit durch neue, teils von mir, teils von anderen, angestellte Untersuchungen weiter vermehrt worden. Unter diesen Essigsäurebakterien gibt es mehrere, deren Wirksamkeit deutlich verschieden ist; es ist daher wahrscheinlich, dafs man in der Essigfabrikation dereinst dazu gelangen wird, eine ähnliche Reform einzuführen, wie es mir gelang, ihr im Brauereibetrieb Geltung zu verschaffen, nämlich die Anwendung einer Reinkultur einer planmäfsig ausgewählten Art. Bisher wurde jedoch kein Schritt nach dieser Richtung hin gethan; man arbeitet noch immer aufs Geradewohl.

Durch die Untersuchungen Pasteurs und seiner Vorgänger war es also festgestellt worden, dafs es verschiedene Mikroorganismen gibt, welche verschiedene Gärungen hervorrufen: Alkohol-, Milchsäure-, Essigsäure-, Buttersäuregärung u. s. w. Wenn man also eine reine Alkoholgärung, frei von unangenehmen Säurebildungen, erzielen wollte, so müfste man selbstverständlich die Mikroorganismen fernhalten, welche diese letztgenannten Gärungen hervorrufen. Diese Konsequenz zog Pasteur und brachte dieselbe zuerst auf den Wein in Anwendung[1].

Schon seit alter Zeit war es bekannt, dafs diese Flüssigkeit verschiedenen Umwandlungen ausgesetzt ist, durch die sowohl ihr Geschmack als ihr Aussehen erheblich beeinträchtigt werden können. Sie kann z. B. sauer, bitter, schleimig, trübe u. s. w. werden. Die Ursachen dieser

---

[1] Pasteur, Études sur le vin. Paris, 1866.

unliebsamen Veränderungen (Krankheiten) wurden aber erst von P a s t e u r entdeckt, indem er nachwies, dafs sie durch verschiedene Bakterien verursacht werden. Als ein geeignetes Mittel gegen jene Krankheiten empfahl er, die voran beschriebene Erwärmungsmethode von S c h e e l e und A p p e r t in Anwendung zu bringen. Es mufs dies selbstverständlich in einem frühzeitigen Stadium der Krankheit geschehen, ehe die Bakterien noch Gelegenheit gehabt haben, sich in bedeutendem Mafse zu vermehren; wenn der Wein erst einmal verdorben ist, nützt es nichts, die Feinde zu töten.

Bezüglich der Alkoholgärung des Weines meint P a s t e u r, dafs man die Bewerkstelligung derselben, wegen der günstigen chemischen Zusammensetzung des Traubensaftes, ohne Gefahr den an der Oberfläche der Trauben und in der Luft zufällig vorhandenen Hefenpilzen überlassen könne. Diese Ansicht sprach er denn auch später in dem unten zitierten Werke, Studien über das Bier, S. 4, aus.

In seinem Buche über die Alkoholgärungspilze [1]) gibt R e e f s eine systematische Beschreibung verschiedener Hefenformen und er geht hierbei von der Ansicht aus, dafs die Gestalt und Gröfse der Zellen für sich allein Artcharaktere abgeben. Die grofsen, ovalen Hefezellen werden dann zu Saccharomyces cerevisiae gerechnet, die ovalen, kleineren Zellen zu Sacch. ellipsoideus, die wurstförmigen zu Sacch. Pastorianus u. s. w. Meine Untersuchungen haben, wie man sich dessen aus meinen früheren Abhandlungen erinnern wird, erwiesen, dafs diese Auffassung eine ganz unrichtige ist. Ein und dieselbe Art kann nämlich mit Zellen auftreten, welche zu allen von R e e f s als selbständige Arten aufgestellten Formen gerechnet werden können. An die Vorstellung von verschiedenen Arten knüpft sich natürlich ebenfalls die Vorstellung von verschiedenartiger Wirksamkeit; diese beiden Ideen werden denn auch alle von R e e f s ausgesprochen.

Seite 21 weist er auf die Möglichkeit hin, dafs das damals in allen Brauereien übliche Verfahren des Wechselns der Hefe etwa darin begründet sein könne, dafs die Hefe von verschiedenen, in den betreffenden Lokalen befindlichen Pilzen verunreinigt werde, und dafs letztere während ihres Wachstums in schädigender Weise in die Wirksamkeit der Hefe eingreifen. S. 40 spricht er auch noch die Vermutung aus, dafs neben Sacch. cerevisiae zugleich Alkoholgärungspilze, welche schädliche Gärungen zu erregen fähig sind, auftreten können.

Im folgenden Jahre erschienen zwei Mitteilungen über durch Alkoholgärungspilze hervorgerufene Krankheiten im Biere, eine von H o l z n e r, die andere von L i n t n e r sen. [2]). Da diese Arbeiten alle beide dasselbe

---

[1]) R e e f s, Botanische Untersuchungen über die Alkoholgärungspilze, 1870.
[2]) Der Bayerische Bierbrauer. München 1871, S. 14 u. 64.

Resultat brachten, sollen sie hier zugleich besprochen werden. Es wird in denselben eine gefährliche Krankheit beschrieben, die damals die Unter-gärungsbrauereien heimsuchte. Dieselbe äußerte sich damals in der Weise, daß das Bier nur sehr schwierig in den Lagerfässern klärte, und wenn dies endlich geschehen war, wurde es bei der Abzapfung wieder dick, indem es nämlich durch zahlreiche kleine Hefenzellen getrübt wurde. Bei der mikroskopischen Untersuchung meinten sie, diese zu der von Reeß aufgestellten Art Sacch. exiguus rechnen zu können. Versuche stellten sie keine an, und sie gingen damals davon aus, daß die von Reeß be-schriebenen Arten wirkliche Größen seien. Da dieses, wie wir gesehen haben, nicht der Fall ist, so konnten ihre Untersuchungen auch keine sichere Aufklärung bringen. Sie hatten doch jedenfalls das Verdienst, daß sie zum ersten Mal die Aufmerksamkeit der Zymotechniker auf die kleinen, leichten Hefenzellen und auf die Gefahren, welche diese möglicherweise hervorrufen können, lenkten.

Seit der Zeit wurden von verschiedenen Verfassern häufig kleine Mitteilungen in den Brauerei-Zeitschriften über Sacch. exiguus veröffent-licht; dieselben brachten jedoch gar nichts Neues, und wir wollen sie daher hier übergehen. Bezüglich meiner eigenen Untersuchungen über diese Art verweise ich auf das Folgende.

Man meinte nun, den genannten kleinen Hefepilz überall zu finden, wo etwas mit dem Bier los war, und immerdar ging man von der irrigen Vorstellung aus, daß es eine mit Sicherheit bekannte Größe sei, die man mit Hilfe des Mikroskops immer zu entdecken vermöchte. Ebenso faßte auch Engel die Sache auf[1]). Der bekannte Brauer Gruber in Straß-burg hatte wahrgenommen, daß sein Bier von einer eigentümlichen Krank-heit befallen wurde, wenn es 6—9 Monate in den Lagerfässern zugebracht hatte. Diese Krankheit bestand darin, daß eine neue Gärung auftrat, welche das Bier opalisierend machte und demselben einen grünlichen Glanz gab. Wenn diese Gärung aufhörte, klärte sich das Bier, hatte aber dann seinen ursprünglichen, frischen, guten Geschmack mit einem weinartigen vertauscht. Bei Untersuchung dieses Bieres mit dem Mikroskop fand Engel zahlreiche kleine Hefenzellen, die er, wie es damals üblich war, ohne weiteres als Sacch. exiguus bestimmte, ebenso wie er die Ver-mutung aussprach, daß sie es sein müßten, durch welche die gedachte Nachgärung hervorgerufen werde. Die Untersuchungen gingen damals rasch von statten und waren die Resultate aber auch darnach.

Eine Mutmaßung, welche gleichfalls zu jener Zeit vorgebracht wurde, war die, daß eine jede der verschiedenen Wein- und Biersorten ihre

---

[1]) Engel, Les ferments alcooliques. Paris 1872, p. 30.

eigene Hefeart habe. Dieses wurde z. B. von Cohn in seinen „Beiträgen zur Biologie der Pflanzen", Bd. I, Heft 2, 1872, S. 136, ausgesprochen.

Während Engel sich in gutem Glauben an die Auffassung Reefs' in dieser Hinsicht anschlofs, war dies dagegen nicht der Fall mit Cienkowski[1]). Er meint, dafs die von Reefs aufgestellten Saccharomyces-Arten nur Entwickelungsformen von Mycoderma vini seien. Mehrere andere Forscher sprachen gleichfalls eine damit ziemlich genau übereinstimmende Auffassung aus, so z. B. Harz in seinen „Grundzügen der alkohol. Gärungslehre", 1877. Dieser Standpunkt war damals völlig gerechtfertigt, da die Grundlage der Artbeschreibungen Reefs', wie wir gesehen haben, ja ganz unhaltbar war. Wenn bei dieser veränderten Anschauung überhaupt davon die Rede sein könnte, dafs die Hefenzellen selbst Krankheiten hervorrufen könnten, so müfste man jedenfalls dieses von einem ganz anderen Gesichtspunkte als früher sehen. Man hätte nun nicht länger fremde Arten vor sich, die von aufsen her in die Würze und das Bier eindrängen, um hier eine Konkurrenz mit der Brauereihefe anzufangen, sondern die ganze Frage müfste in ein ganz anderes Gebiet übergeführt werden. Es könnte dann nur von einer Ausartung der Brauereihefe unter verschiedenen Ernährungsverhältnissen die Rede sein. Vom praktischen Standpunkt aus würde die Aufgabe also die sein, diese zu erforschen.

Diese wichtigen Fragen wurden also hin und her diskutiert, ohne dafs man entscheidende Versuche anstellte. Dann erschien im Jahre 1876 das berühmte Werk Pasteurs über das Bier und dessen Krankheiten[2]).

Man wird sich erinnern, dafs er in seinen vorerwähnten Studien über den Wein gezeigt hatte, dafs eine ganze Reihe von Krankheiten in dieser Flüssigkeit durch Bakterien verursacht werden. In seinem neuen Werke wies er nun nach, dafs auch für das Bier etwas Ähnliches stattfindet (S. 4—7). Es mufs ferner hervorgehoben werden, dafs er durch genaue Experimente einen vollgültigen Beweis für die Richtigkeit dieser Lehre führte (S. 20 und 26). Er zog nun die für die Praxis wichtige Folgerung, dafs eine jede Bakterienvegetation, welche die Würze oder das Bier angreifen kann, als für den ganzen Betrieb gefährlich anzusehen ist, und dafs man auf alle Fälle Sorge tragen mufs, die Bakterien möglichst fernzuhalten. Da diese kleinen Wesen durch ihre Gestalt von den Hefezellen unterscheidbar sind, empfahl er, mikroskopische Untersuchungen in den Brauereien, sowohl der Anstellhefe als auch des Bieres, vorzunehmen. Zur Reinigung der Hefe gab er mehrere Verfahren an, empfahl aber hierzu namentlich eine Züchtung in einer mit ein wenig Weinsäure

---

[1]) Cienkowski, Die Pilze der Kahmhaut. (Bulletins der Petersb. Akademie, T. XVII, 1873.)

[2]) Pasteur, Études sur la bière. Paris, 1876.

versetzten Rohrzucker-Lösung (S. 224). Es war jedenfalls besonders diese Verfahrungsweise, welche von seinen Schülern anempfohlen wurde.

Hinsichtlich der Hefezellen wiederholte Pasteur an mehreren Stellen seines Werkes (siehe namentlich S. 218—220) die von seinen vorgenannten Vorgängern, Reefs, Engel, Holzner und Lintner, ausgesprochenen Anschauungen. An anderen Stellen (z. B. S. 193) scheint er sich aber vielmehr der entgegengesetzten Ansicht von Cienkowski und Harz, anzuschliefsen, nämlich dafs die Hefezellen einer grenzenlosen und schnellen Variation unterworfen seien, und dafs es keine bestimmten Saccharomyces-Arten (folglich auch keine Krankheitshefenarten) gebe.

In Übereinstimmung hiemit steht auch die von ihm S. 333 ausgesprochene Meinung, dafs Bier-Unterhefe unter Brauereiverhältnissen in Oberhefe umgewandelt werden könne. Indem er (S. 199) eine besondere, von ihm in englischer Brauereihefe aufgefundene Hefeform (käsige Hefe) näher untersucht, weist er auf die Möglichkeit hin, dafs dieselbe eine Entwickelungsform der Kulturhefe sein könne. Da, wo er die Hefenpilze bespricht, ist alles noch im Wellengange begriffen; sichere Grenzen werden nirgends gezogen.

Was die Frage betreffs dem Pleomorphismus angeht, hatte Pasteur im wesentlichen eine ähnliche Anschauung wie die von Bail vertretene, indem er nämlich annahm, dafs die Saccharomyceten Entwickelungsformen von gewissen braunen Schimmelpilzen (Dematium und Alternaria) seien, welche sich z. B. an der Oberfläche verschiedener Früchte finden (S. 154—155, 164—165, 177). Dafs Pasteur zu einer solchen unrichtigen Auffassung gelangen konnte, ist leicht zu begreifen, wenn man bedenkt, dafs er Saccharomyceten (Hefezellen mit Endosporenbildung) von Nicht-Saccharomyceten (Hefezellen ohne Endosporenbildung) nie unterscheidet. Seine Darstellung ist auf diesem ganzen Gebiete reich an widersprechenden Meinungen und ist zunächst als eine Auseinandersetzung verschiedener Möglichkeiten zu bezeichnen. Eine wissenschaftliche Entscheidung wurde in keinem Punkte erreicht. Seiner Vorgänger gedenkt er in der Regel nur, wenn er irgend einen Irrtum in ihren Arbeiten zu berichtigen wünscht; eine geschichtliche Darstellung des vor ihm stattgefundenen Entwickelungsganges findet sich in seinem Werke nicht. Pasteur hat jedoch auch nirgends versprochen, eine solche geben zu wollen, und es ist somit ein grofses Mifsverständnis, wenn man, wie es öfters geschehen ist, sie darin hat finden wollen. Wünschen wir uns darüber zu unterrichten, welche Fortschritte wir den Vorgängern Pasteurs verdanken, so müssen wir diese Belehrung anderswo suchen.

Die Stelle, wo er am deutlichsten von Bier-Krankheiten, welche durch Alkoholgärungspilze verursacht werden, spricht, ist S. 218. Er erwähnt hier, dafs man in einigen Brauereien in den Wintermonaten ein Lagerbier braut, welches erst im August oder September des nächsten Jahres zum Ausschank gelangen soll, und daſs man für dieses Bier sehr ängstlich sein muſs, daſs es im Verlaufe der langen Lagerungszeit nicht einen weinartigen Geschmack bekomme. „Meinen Beobachtungen zufolge", schreibt er, „scheint dieser weinartige Geschmack hauptsächlich von dem Umstande herzurühren, daſs die Brauereihefe mit Sacch. Pastorianus oder mit dessen Varietäten gemischt ist."

Nur mit groſser Vorsicht gibt also Pasteur seine Meinung zu erkennen; etwas Bestimmtes sagt er nicht. Entgegen der von seinem Vorgänger Engel ausgesprochenen Vermutung, daſs es Sacch. exiguus sei, durch welchen diese Krankheit hervorgerufen werde, stellt er, wie wir gesehen haben, bloſs eine neue Vermutung auf, nämlich daſs es vielleicht eine andere Art sein könne. Ebenso wenig wie Engel versucht Pasteur, diese oder die Mikroorganismen, welche die Krankheit verursachen, von der guten Brauereihefe auszuscheiden, um danach Bier herzustellen, das in dem einen Falle mit der letztgenannten Art für sich allein, im andern Falle mit einem Gemisch von dieser und der mutmaſslichen Krankheitshefe vergoren wurde. Es ist dies aber der einzige Weg, auf dem wir darüber ins Klare gelangen können, einerseits was Krankheitshefe, und andererseits, was gute Brauereihefe ist. Die Ursache, warum weder Pasteur noch irgend einer seiner Vorgänger solche entscheidende Versuche ausführten, ist die, daſs die Methoden, welche ihnen damals zu Gebote standen, es nicht gestatteten.

Welche Unklarheit noch 1876 bezüglich der beiden groſsen Fragen betreffend reingezüchtete Brauereihefe und durch Alkoholgärungspilze hervorgerufene Krankheiten im Biere herrschte, ist im weitern auch daraus ersichtlich, daſs Pasteur das vorerwähnte Verfahren zur Reinigung der Hefe (Züchtung in mit ein wenig Weinsäure versetzter Saccharose) empfehlen konnte. Insoweit es sich nur darum handelt, die Bakterienentwickelung zu hemmen, ist sein Verfahren untadelhaft; da die Brauereihefe aber in der Regel zugleich gröſsere oder geringere Einmischungen von wilder Hefe enthält, wird die Behandlung mit Weinsäure, wie meine Versuche es gezeigt haben, in den allermeisten Fällen bewirken, daſs die gute Brauereihefe verdrängt wird, die Krankheitshefen aber in ihrer Entwickelung begünstigt werden! (S. meine voranstehende Abhandlung: „Was ist die reine Hefe Pasteurs?") — Um den Standpunkt Pasteurs in rechter Weise zu beurteilen, müssen wir denselben indes im Lichte seiner Zeit sehen. Es läſst sich dann kaum denken, daſs es damals auch nur möglich gewesen wäre, über diese Grundfragen ins Klare zu kommen. Wie wir später sehen sollen, war man noch anfangs der achtziger Jahre auch nicht weiter gekommen.

Ein solches Verfahren wie das von Pasteur angegebene mufste sich natürlich bald für die Brauereien als ganz unbrauchbar erweisen, und in der That wurde dasselbe schnell aufgegeben, wo es auch immer geprüft wurde.

Für die Züchtung der gedachten Hefe konstruierte Pasteur besondere Apparate (S. 326—340). Es war ferner seine Absicht, dafs die offenen Kühlschiffe in den Brauereien beseitigt und durch geschlossene Behälter ersetzt werden sollten, in denen die vom Hopfenkessel kommende siedendheifse Würze abgekühlt und gelüftet werden könnte, ohne irgendwie infiziert zu werden. Auch hierfür konstruierte er einen passenden Apparat (S. 371—378).

Diese Apparate wurden kurze Zeit danach von dem Mitarbeiter Pasteurs, Velten, den praktischen Verhältnissen in den Brauereien angepafst. Wenn Velten auf grund dessen seit einigen Jahren in den französischen Brauereizeitschriften als Erfinder von etwas ganz Neuem aufgetreten ist, so vergifst er jedoch, dafs das Prinzip für die Sterilisation und für die dazu gehörigen Apparate bereits von den Vorgängern Pasteurs vollständig gegeben war; überdies war es Pasteur nnd nicht Velten, welcher zuerst eine technische Anwendung davon für das Brauwesen machte. Die Konstruktion Veltens ist zudem in mehreren Hinsichten weniger glücklich gewählt.

Diese Apparate bekommen selbstverständlich durch die Hefe ihre ganze Bedeutung. Wenn die Hefe keine wirkliche, von allen Krankheitskeimen befreite Reinkultur ist, so sind sie wertlos. Da die Hefe Pasteurs, wie wir gesehen haben, dieser Anforderung gar nicht genügte, so folgte schon daraus, dafs die Apparate auch nicht Eingang in die Brauereien finden konnten.

Neun Jahre später kamen dieselben in der Praxis des Brauereibetriebes zu Ehren. Wie man sich erinnern wird, gelang es mir im Jahre 1883, in demselben die Reinzucht einer planmäfsig ausgewählten Rasse einzuführen, und als im folgenden Jahre diese wichtige Reform in der Brauerei Alt-Carlsberg und anderwärts eingeführt wurde, war damit auch der Anstofs zur Abschaffung der Kühlschiffe gegeben. Die Apparate, welche aus dieser Veranlassung in Carlsberg konstruiert wurden, weichen in mehreren Hinsichten von denen von Velten konstruierten ab, und zwar namentlich hinsichtlich der Weise, wie die Luft sterilisiert wird. Velten wendete zu diesem Zwecke Schwanns Verfahren durch Glühen an; in den Carlsberger Apparaten wird die Luft dagegen mit Hilfe der im Vorhergehenden besprochenen baumwollenen Filter von Schröder und Dusch gereinigt. Diese Methode hat sich nämlich als viel praktischer erwiesen. (In dem ersten Heft meiner „Unters. aus der Praxis der Gärungsindustrie" habe ich eine Anweisung zur Reinigung der Luft mittels baumwollener Filter, sowie eine Beschreibung des von Hrn. Brauereidirektor Kapt. Kühle im Verein mit mir konstruierten Reinzuchtapparates gegeben.)

Mit meiner reingezüchteten Hefe sind diese Apparate in den letzten Jahren über einen grofsen Teil der Erde verbreitet worden. Wie zu erwarten war, mufste die Reinkultur der planmäfsig ausgewählten Rassen vorausgehen.

Hiermit habe ich den Teil von dem Werke Pasteurs erörtert, welcher direkt auf die in gegenwärtiger Abhandlung zu behandelnden Fragen Bezug hat. Ich habe nicht nur die bedeutungsvollen Fortschritte hervorgehoben, welche die Untersuchungen meines berühmten Vorgängers brachten, sondern auch die Gründe angegeben, warum dieselben die Lösung der beiden wichtigen Probleme über die Krankheiten im Bier und über die reingezüchtete Hefe nicht erbringen konnten. Durch die von Pasteur empfohlene Verfahrungsweise wurde die gute Brauereihefe unterdrückt und die Krankheitshefen begünstigt. Auf dem von ihm eingeschlagenen Wege war es überhaupt nicht möglich, das Ziel zu erreichen.

In demselben Jahre, in dem das vorerwähnte Werk (Pasteur, Études sur la bière) erschien, gab Lintner sen. einige zymotechnische Untersuchungen heraus[1]). Es werden hierin verschiedene Störungen in der Gärung und Krankheiten im Biere, die den Brauereien viele Beschwerden und grofse Geldverluste verursachten, besprochen. Die mikroskopische Untersuchung konnte keinen Aufschlufs geben, und Lintner teilt sogar mit, dafs eine Hefe, welche, nach einer solchen Prüfung beurteilt, als gut bezeichnet werden mufste, dessenungeachtet ein schlechtes Resultat in der Brauerei gab. Umgekehrt erhielt er einen guten Erfolg mit einer anderen Hefe, trotzdem diese der mikroskopischen Untersuchung zufolge gerade als schlecht erschien, indem sie nämlich eine Menge kleiner und unregelmäfsiger Zellen („leichte Hefe") enthielt. Diese anscheinend verwerfliche Hefe gab nichtsdestoweniger ganz normale Gärungen und wurde mit durchgreifendem Erfolg in verschiedenen Brauereien angewendet.

In der That ein ausgezeichnetes Beispiel dafür, wie wenig die mikroskopische Untersuchung für sich allein auf diesem Gebiete auszurichten vermag. Es läfst sich kaum eine schärfere Kritik der damaligen Untersuchungsmethoden denken[2]).

---

[1]) C. Lintner sen., Über einige Resultate zymotechn. Untersuchungen. (Zeitschrift f. das ges. Brauwesen. München 1876, S. 221).

[2]) Solche ungenügende Verfahren werden leider noch heutzutage in mehreren Brauerei-Laboratorien angewendet, und, was noch schlimmer ist, es werden ganze Theorien darauf gebaut, welche dreist mit der selbstgefälligen Reklame und Dünkelhaftigkeit, welche für die halbwissenschaftliche Literatur kennzeichnend ist, dargestellt werden.

Wenige Werke haben bei ihrem ersten Erscheinen so viel Aufmerksamkeit erregt wie Nägelis Buch über die niederen Pilze[1]). Die Wirkung, welche dasselbe später ausübte, entsprach jedoch den Erwartungen nicht; denn es ist zu arm an Beweisen im Verhältnis zu den vielen Behauptungen, die es enthält. Von den Saccharomyceten und den Bakterien spricht Nägeli S. 20—22 die Anschauung aus, daß die Arten

---

Die meisten Brauereizeitschriften sind noch immer nur zu erbötig, ihre Spalten derartigen Artikeln zu eröffnen. Bis zur neuesten Zeit fährt diese halbwissenschaftliche Literatur fort, eine Mitteilung nach der anderen über „leichte Hefe" und „verwilderte Hefe" darzubringen. Wissenschaftliche, experimentelle Untersuchungen bringen diese Autoren keine; mit ein bischen Mikroskopieren glauben sie die Sache abmachen zu können; sie rufen grofse Verwirrung, aber keine Aufklärung hervor. Zuträglich würde es ihnen sein, die oben genannte Abhandlung des alten berühmten Gärungstechnikers zu studieren.

Was man in dieser halbwissenschaftlichen Literatur „leichte Hefe" und „verwilderte Hefe" nennt, sind ganz verschiedene Dinge: Bisweilen werden darunter, wie die Beobachtungen Lintners es zeigen, nur Zellen, welche unter dem Mikroskop ein unliebsames Aussehen haben, trotzdem aber ein gutes Resultat in der Brauerei geben, verstanden. Zuweilen sind es hingegen Zellen, die eine solche Umbildung erlitten haben, welche sie weniger wohlgeeignet machen, die vom Brauer gerade erwünschte Arbeit auszuführen. In meinen verschiedenen Abhandlungen, schon von 1883 an bis jetzt, finden sich hie und da Beobachtungen betreffend diese beiden Fälle, und ich werde hoffentlich später dazu kommen, eine gröfsere experimentelle Untersuchung in dieser Richtung zu veröffentlichen. Die Frage nach den Gesetzen, welchen die Variation der Hefenarten unterliegt, ist eine sehr verwickelte. Wenn die Autoren, gegen welche ich wieder hier meine Vorwürfe richte, meine Arbeiten mit einiger Gründlichkeit studiert hätten, und namentlich diejenigen, welche ich in den letzten Jahren herausgegeben habe, so würden sie ersehen haben, daß es besonders auf diesem Gebiete grofse Anstrengung kostet, um blofs bescheidene Resultate zu erreichen, und daß noch ein weiter Weg zurückzulegen ist, ehe wir wirklich daran denken können, allgemein gültige Theorien aufzustellen. Sie würden dann auch wissen, daß es durch eine mikroskopische Untersuchung einer Hefezelle sich keineswegs entscheiden läfst, wie dieselbe in der Brauerei arbeiten werde. (S. meine „Untersuch. aus der Praxis der Gärungsindustrie". I. Heft. Zweite Ausg. Untersuch. über Unterhefe-Arten.) Und wenn sie solche Experimente wie diejenigen, mit welchen ich und meine Schüler uns beschäftigen, vorgenommen hätten, so würden sie erfahren haben, daß die Zellen, welche sie von ihrem Standpunkte aus grofse und gute nennen, in vielen Fällen eine Nachkommenschaft geben, welche der Brauer verwerfen mufs, während umgekehrt ihre sogenannten „leichten" und „verwilderten" Hefezellen gerade oft kräftige, gute Zellen sind, die in der Brauerei eine gute Hefe entwickeln. Wenn die Autoren, an welche ich meine Ermahnungen gerichtet, sich bekehren könnten, so würden sie mit Bescheidenheit den grofsen Mysterien gegenüberstehen, welche wir erwähnt haben, und sie würden künftighin viel weniger schreiben, dagegen aber viel mehr experimentieren! Ich wünsche von Herzen, daß dies geschehen möge; denn die halbwissenschaftliche Literatur ist immer ein Unglück für die zymotechnische Wissenschaft gewesen und ist es noch heutigen Tages.

[1]) Nägeli, Die niederen Pilze in ihren Beziehungen zu den Infektionskrankheiten und der Gesundheitspflege. München 1877.

die Fähigkeit zu einer schnellen und reichen Variation, sowohl in morphologischer als in physiologischer Beziehung, besitzen, und dafs viele der Formen sich leicht eine in die andere überführen lassen. Auch hinsichtlich der besonderen Gärungswirksamkeit, welche eine Form besitzen kann, meint er, dafs sie durch Kultur schnell verloren gehe oder in eine ganz andere Funktion umgebildet werde. Laut Nägeli fliefsen sowohl die morphologischen als die physiologischen Formen leicht ineinander über, keine sind konstant. Die chemische Zusammensetzung des Nährbodens, die äufseren Verhältnisse treten als mächtige, schaffende Mächte auf, die in verschiedenen Richtungen Umbildungen hervorrufen. Wie Nägeli sich eigentlich dem Artbegriffe gegenüberstellt, ist übrigens schwer zu ersehen, und experimentelle Beweise für die einzelnen Fälle gibt er, wie schon gesagt, keine. Eine ähnliche Anschauung spricht er auch in seiner „Theorie der Gärung", 1879, S. 120, aus.

In seinen zymotechnischen Rückblicken auf das Jahr 1877 hebt Holzner[1]) hervor, dafs die vorhandenen Untersuchungen den Brauern keine sichere Anweisung geben mit Rücksicht auf das Verständnis der so oft eintretenden Störungen in der Gärung, und er weist besonders auf die über die Hefenarten herrschende Unklarheit hin. Einige halten eine jede Form für eine besondere Art. Andere stimmen dafür, dafs die verschiedenen aufgestellten Arten leicht ineinander übergehen. Wir stehen hier Räthseln und noch unaufgeklärten Fragen gegenüber. Mit Bedauern hebt er hervor: „Bis jetzt ist die Zahl der Hypothesen über das Wesen der Gärung, über die Morphologie, Biologie und Physiologie der Gärungspilze (und Fermente) nicht geringer geworden, sondern hat sich fort und fort vergröfsert". Und er weist auf seinen berühmten Landsmann Nägeli hin als Denjenigen, von dem die Hilfe und die Klarheit etwa zu erwarten wäre.

Wenn man die verschiedenen, in der Periode, zu welcher wir nun gelangt sind, herausgegebenen Brauerei-Zeitschriften durchliest, so findet man, dafs dieselben häufig von Klagen über Störungen in der Gärung und über Verluste und Schwierigkeiten, durch Krankheiten im Bier verursacht, wiederhallen. Eine solche Klage begegnet uns auch in der untenstehenden Abhandlung von Lintner sen.[2]).

Er hebt darin hervor, dafs die Krankheit, welche wir Hefetrübung nennen, überhand nehme. „Die fertigen Lagerbiere", schreibt er, „fassen sich im kühlen Keller scheinbar vollkommen klar vom Lagerfasse ab, werden aber nach kurzer Zeit in den Flaschen oder Fässern in wärmeren

---

[1]) Holzner, Zymotechn. Rückblicke auf das Jahr 1877. (Zeitschr. f. das ges. Brauwesen. München 1878, S. 142).

[2]) C. Lintner sen., Über Malz und dessen Einflufs auf die Haltbarkeit und Güte des Bieres. (Zeitschr. f. das ges. Brauwesen. München 1880, S. 384).

Lokalitäten und auf dem Transporte vollkommen trübe. Die Untersuchung solcher Biere zeigt dann kleine Hefezellen, die rasch wachsen und sich vermehren und sich endlich vollkommen absetzen. Die Brauer nennen diese Hefe wegen ihrer Leichtigkeit Flughefe".

Die Ursache hierzu, meint Lintner, liegt teils in dem Einfluſs, welchen schlechtes Malz auf die Ernährung der Hefe haben kann, teils auch darin, daſs die Brauer nicht eine genügende Portion Hefe zu der Würze geben, und daſs sie die Gärung bei einer zu niedrigen Temperatur führen. Lintner nimmt an, daſs die normale Brauereihefe unter solchen Umständen eine unliebsame Umbildung erfahre, so daſs sie die gedachten kleinen, leichten Zellen entwickle, und daſs es auf diese Weise zu erklären sei, daſs die Krankheit entstehe. Eine Bekräftigung der Richtigkeit einer solchen Auffassung findet er in den theoretischen Spekulationen Nägelis. Im folgenden Jahre wiederholte er dieselbe Anschauung[1]).

Wie man sich erinnern wird, war man früher der Ansicht, daſs die beschriebene Krankheit durch Sacch. exiguus verursacht werde. Diese Auffassung hat man 1881 gänzlich aufgegeben. Die Ursache der beschriebenen oder ähnlichen Krankheiten im Biere wird nun nicht länger in fremden Hefenarten und in einer von auſsen her kommenden Ansteckung gesucht, sondern in den Ernährungsverhältnissen, unter welchen die gute Brauereihefe selbst sich befindet. Nachdem die Lehre von Reeſs und Pasteur die Brauer im Stiche gelassen hatte, weist Lintner nun ebenso wie Holzner auf die physiologischen Theorien Nägelis hin als auf eine Errettung. Die meisten damaligen Zymotechniker schlieſsen sich gleichfalls dieser Richtung an, so auch Delbrück und Hayduck in Berlin.

Es traten also nun Diskussionen über die Ausartung und Umbildung der Brauereihefe in den Vordergrund, und man glaubte die Lösung der Hefenfrage auf chemisch-physiologischem Wege finden zu müssen[2]).

Die erwähnten chemisch-physiologischen Untersuchungen, zu welchen Nägeli die Veranlassung gab, haben jedoch in keinerlei Beziehung Klarheit über die Hefenfrage gebracht, auch nicht was die Frage nach der Ausartung und Umbildung der Brauereihefe angeht. Um es überhaupt zu ermöglichen, diese Aufgabe in wissenschaftlicher Weise in Angriff zu nehmen, muſsten meine botanischen Untersuchungen vorausgehen.

---

[1]) C. Lintner sen., Altes und Neues über Bierbrauerei. (Zeitschr. f. das ges. Brauwesen. München 1881. S. 153).

[2]) Diejenigen, welche die Einzelheiten näher zu studieren wünschen, möchte ich in diesem Punkte, wie auch anderwärts, auf die schon mehrmals citierte „Zeitschrift für das ges. Brauwesen" verweisen. In den 26 Jahrgängen dieser Zeitschrift sind in der That die Urkunden für die Geschichte des Brauwesens in dem genannten Zeitraume niedergelegt.

Auf diesem Umwege wird die Forschung auf diese wichtigen Probleme wieder zurückkommen und es ist nicht unwahrscheinlich, dafs die Ideen Nägelis wieder zu Ehren kommen werden.

Nachdem Pasteur i. J. 1876 seine Studien über das Bier und dessen Krankheiten aufgegeben hatte, wurden zwar in den darauffolgenden Jahren einige Untersuchungen in derselben Richtung von seinen Schülern veröffentlicht, aber keine, welche direkt auf die hier zu behandelnden Fragen Bezug haben. Den Standpunkt, zu welchem die französische Schule i. J. 1883 gelangt war, finden wir in dem Handbuche von Duclaux[1]) angegeben, und wir wollen deshalb hier einen Augenblick bei diesem Werke verweilen. S. 300 spricht Duclaux in einem Kapitel über die Reinigung der Brauereihefe; er empfiehlt das von uns früher erwähnte Verfahren von Pasteur. Dafs dieses Verfahren zum genannten Zweck ganz unbrauchbar ist, da, wie wir gesehen haben, durch Anwendung desselben die Entwickelung einiger der gefährlichsten Krankheitskeime gerade gefördert wird, war also damals noch nicht erkannt. Bezüglich der Untersuchung der Brauereihefe teilt Duclaux S. 471 mit, dafs man mit Hilfe des Mikroskopes entscheiden könne, ob die Hefe rein sei oder nicht. Bei genauerem Nachlesen sehen wir denn auch, in Übereinstimmung hiermit, dafs er, wenn er von Krankheitskeimen spricht, immer nur an Bakterien und nicht an Saccharomyceten denkt; diese Auffassung wird ebenfalls S. 618, wo er die Krankheiten des Bieres in einem selbständigen Kapitel bespricht, wiederholt. Es ist vollkommen derselbe Standpunkt, zu welchem Pasteur vor sieben Jahren gelangt war. In den Angriffen, welche Duclaux und seine Mitarbeiter gegen mich gerichtet haben, gehen sie denn auch noch immer von der Ansicht aus, dafs Pasteur das Richtige getroffen habe.

Zu dieser Zeit bekam die Bakteriologie in Deutschland durch die Untersuchungen von Robert Koch einen neuen Aufschwung, und es versammelten sich schnell zahlreiche Schüler um den berühmten Forscher. Die Aufgaben, mit welchen diese Schule sich beschäftigte, waren hauptsächlich solche, welche für die Arzneiwissenschaft direkte Bedeutung hatten. Nur ausnahmsweise werden von dieser Seite gärungsphysiologische Untersuchungen veröffentlicht; unter diesen sind Hueppes Studien über Milchsäurebakterien besonders hervorzuheben. Den Alkoholgärungspilzen wurde weder von Koch selbst, noch von seinen Schülern irgend welche Aufmerksamkeit zugewendet; insoweit sie deren erwähnten, geschieht dies nur in sehr flüchtiger Weise. Die Ursache hierzu ist leicht zu begreifen, wenn man bedenkt, dafs diese Pilze für den Pathologen und den Hygieniker wenig oder gar kein Interesse haben.

---

[1]) Duclaux, Chimie biologique. Paris 1883.

Einige Jahre früher hatte Fitz seine wertvollen Untersuchungen über verschiedene Bakterien-Arten und deren Gärungsprodukte begonnen. Diese Arbeiten beschäftigen sich wohl ebensowenig wie die vorgenannten von Hueppe, mit Krankheiten vergorener Flüssigkeiten, beleuchten aber doch gewissermafsen indirekt diese Frage.

Noch im Jahre 1884 sprach Thausing[1]) sich in folgender Weise darüber aus: „Die Wissenschaft hat über Gärungsorganismen und über das Wesen der Gärung schöne Arbeiten geliefert; für die Brauereien direkt Verwertbares hat sie so gut wie nichts geboten, nach wie vor ist der Gärungsprozefs für den Praktiker in ein mystisches Dunkel gehüllt. Die Untersuchungen Hansens über Züchtung reiner Hefe berechtigen uns allerdings zu grofsen Hoffnungen; trügen sie nicht, so stehen wir vor einer Errungenschaft, deren Bedeutung nicht hoch genug veranschlagt werden kann. Vorderhand freilich haben wir noch mit den Verhältnissen zu rechnen, wie sie gegenwärtig bestehen".

Dieses war im Jahre 1884 der allgemeine Standpunkt.

Die Arbeiten, welche ich im Laufe der nächsten Jahre veröffentlichte, und die Resultate, welche dadurch allmählich für die Gärungsindustrie gewonnen wurden, brachten die Zweifel Thausings zum Verschwinden. In der dritten Ausgabe seines berühmten Handbuches über die Bierfabrikation nahm er mein Hefe-Reinzuchtsystem in für mich ehrender Weise auf.

Hiermit sind wir mit unserer historischen Übersicht zu Ende gekommen. Das folgende Kapitel wird von den Untersuchungen über Bierkrankheiten, welche ich seit 1881 angestellt habe, handeln. Mehrere der nebenlaufenden Strömungen, welche auf die Entwickelung der Lehre von Krankheiten in vergorenen Flüssigkeiten Einflufs gehabt haben, sind nur flüchtig berührt, andere gar nicht erwähnt worden. Hierzu gehören namentlich Untersuchungen über durch Pilze hervorgerufene Pflanzenkrankheiten sowie über die durch Bakterien verursachten, ansteckenden Krankheiten beim Menschen und bei den Tieren.

Experimentelle Untersuchungen in der ersteren Richtung wurden bereits zu Anfang dieses Jahrhunderts angestellt, und als ein Bahnbrecher für die damalige Zeit mag der Däne Schöler genannt werden. Auch auf diesem Gebiete arbeitete sich die Forschung langsam, aber sicher zu einer immer gröfseren Klarheit vorwärts. In neuerer Zeit zeichneten sich die dänischen Botaniker A. S. Örsted und E. Rostrup aus. Mit besonderem Glanze strahlen auf diesem Gebiete die Namen Tulasne und De Bary.

---

[1]) Jul. Thausing, Einflufs der Hefegabe auf Hauptgärung, Hefe und Bier. Aus dem 14. Jahresberichte der ersten österr. Brauerschule in Mödling. Auch in der Allgem. Zeitschr. f. Bierbrauerei. Wien 1884, S. 872.

Bereits bei Linné und mehreren seiner Zeitgenossen finden wir die Idee ausgesprochen, dafs Gärung, Verwesung und ansteckende Krankheiten durch mikroskopische Wesen verursacht werden. Im Jahre 1840 zeigte Henle mit grofsem Scharfsinn, dafs die vorliegenden Thatsachen und Beobachtungen darauf hinwiesen, dafs die ansteckenden Krankheiten vom Eingreifen mikroskopischer Organismen herrühren müfsten. Experimentelle Beweise wurden jedoch erst in neuerer Zeit erbracht und hier erzielten die Untersuchungen Pasteurs den gröfsten Ruhm.

Die junge Wissenschaft von den Mikroorganismen stammt in allem Wesentlichen von der viel älteren über die höheren Pflanzen- und Tierformen handelnden her. Ebenso wie die Biologie überhaupt, hat auch die Mikrobiologie sehr starke und sehr wesentliche Anregungen erfahren, durch die epochemachenden Theorien Darwins über die Umbildungen der Arten. Dieses ist namentlich durch die oben erwähnten Arbeiten Nägelis geschehen.

Schliefslich ist noch die Wechselwirkung hervorzuheben, die zwischen der Mikrobiologie und der Chemie stets stattgefunden hat.

Alle diese verschiedenen Richtungen haben sich gegenseitig befruchtet und auf mancherlei Weise auf einander eingewirkt. Wenn wir in der obigen Darstellung dabei hätten verweilen können, würde dieselbe wohl dadurch an Leben und Fülle gewonnen haben, zugleich aber auch weit über die Grenzen hinaus angeschwollen sein, welche in gegenwärtiger Abhandlung derselben gezogen werden mufsten.

### 3. Meine Untersuchungen.
#### Aufgabe und Untersuchungsmethode.

In dem vorhergehenden, historischen Teile dieser Abhandlung haben wir gesehen, wie man im Laufe der Jahre zur Erklärung des Verhältnisses, in welchem die Alkoholgärungspilze zu den Krankheiten des Bieres stehen, vielfach herumgeraten und die verschiedensten Möglichkeiten ins Auge gefafst hatte, und dafs, so oft man im Begriffe war, den richtigen Weg einzuschlagen, derselbe bald infolge einer ungeschickten Wendung wieder verlassen wurde, gerade als ob man auf Irrwegen zu wandeln bestrebt gewesen wäre.

Nach dem Erscheinen der Werke Nägeli's trat, wie wir gesehen haben, die Idee vom Ausarten und von der Umbildung der Brauereihefe in den Vordergrund. In derartigen Vorgängen suchte man die Ursache derjenigen Krankheiten des Bieres und derjenigen Störungen im Betriebe, von welchen man annahm, dafs sie von der Hefe herrühren müfsten. Die Gedanken wurden somit immer mehr und mehr von der anderen Hauptmöglichkeit weggeleitet, dafs die Ursache dieser Fatalitäten auch darin gesucht werden könnte, dafs fremde Arten eingedrungen wären und in ihrer Konkurrenz mit den Kulturarten die Krankheitserscheinungen hervorgerufen hätten. Wie bereits gesagt, war diejenige Ansicht die verbreitetste, nach welcher tiefgreifende Umbildungen der guten Brauereihefe mit Leichtigkeit im Betriebe selbst vor sich gehen könnten, eine Auffassung, der dann das viele Reden von dem „Degenerieren" der Hefe entsprang; auf Experimente liefs man sich nicht ein.

In meiner im Jahre 1879 erschienenen Doktor - Dissertation stand auch ich im wesentlichen auf diesem Standpunkte; beim Durchdenken der Frage gelangte ich jedoch bald zu der Erkenntnis, dafs es ohne Nutzen sein würde, die Diskussionen meiner Vorgänger über etwaige Möglichkeiten fortzusetzen, dafs vielmehr jetzt entscheidende Versuche erforderlich wären, und dafs es am richtigsten sei, bis letztere vorlägen, zu schweigen. Es verstrichen mehrere Jahre mit den vorbereitenden Arbeiten. Vorerst mufste ich eine Reinzuchtmethode ausarbeiten, um mit völliger Sicherheit wissen zu können, ob ich mit einer oder mit mehreren Spezies arbeitete. Ich nahm deshalb meinen Ausgangspunkt vom Individuum, von einer einzigen Zelle. Meine nächste Aufgabe war die, für die derart dargestellten Vegetationen Charaktere ausfindig zu machen, die verwickelten Fragen nach Spezies, Rasse und Varietät zu lösen. Ich habe im Laufe der Jahre diese Probleme von verschiedenen Gesichtspunkten aus behandelt. Die ersten Charaktere fand ich in dem Entwickelungsgange der Sporen, besonders in den Temperatur-Kardinalpunkten. Es ist nunmehr allgemein anerkannt, dafs diese Sporenanalyse grofse Bedeutung in dieser Richtung hat, und ich habe ferner auf dieser Grundlage eine bequeme Methode zur praktischen Untersuchung von Brauereihefe aufbauen können. Deshalb lege ich noch immer ein besonderes Gewicht auf die Charaktere, die uns der Entwickelungsgang der Sporen gibt; allein ich habe niemals, wie oberflächliche Leser meiner Schriften noch öfters behaupten, die Auffassung gehabt, dafs diese Charaktere für sich allein hinlänglich seien, um alle Arten zu bestimmen; im Gegenteil, ich bin immer bemüht gewesen, neue Unterscheidungsmerkmale aufzufinden; auch habe ich deren bereits eine ganze Reihe gegeben (das mikroskopische Bild der Vegetationen in Würzekultur; die Häute; die Vegetationen auf festem Nährboden; das Verhalten gegenüber den Zuckerarten; die Keimung der Sporen u. s. w.).

Die hier berührten theoretischen Studien finden sich in meinen „Untersuchungen über die Physiologie und Morphologie der Alkoholgärungspilze".

In den Jahren 1882 und 1883 boten sich zwei selten günstige Gelegenheiten dar, in der grofsen Praxis die Tauglichkeit meiner neuen Waffen zu prüfen. Ich denke an die Krankheiten, von welchen damals die Brauereien Tuborg und Alt-Carlsberg heimgesucht wurden.

Das Bier in der ersten Brauerei war von Hefentrübung befallen, während sich in der letzteren die Krankheit darin zeigte, daſs das Bier einen unangenehmen Geruch und einen üblen, bitteren Geschmack annahm. Da es nicht möglich war in der Würze oder in der Art und Weise der Gärführung irgend einen Fehler zu entdecken, so muſte ich zunächst annehmen, daſs Mikroorganismen die Ursache dieser miſslichen Zustände seien. Die Prüfungen, welche mit Pasteur's Verfahren zur Reinigung der Hefe gemacht wurden, brachten keine Hilfe. Durch Vergleichung aller Beobachtungen kam ich zu der Vorstellung, daſs die Ursache der Krankheit ohne Zweifel in der Anstellhefe selbst zu suchen sei. Obschon ich bei der mikroskopischen Untersuchung keine anderen fremden Organismen in der Hefe selbst entdecken konnte als einige Bakterien, ging ich doch von der Idee aus, daſs die dem Anscheine nach gleichartigen Hefezellen wohl mehreren Arten angehören, und daſs einige von diesen die Krankheitserreger sein könnten. Das Verfahren bot sich von selbst dar. Ich muſste die Brauereihefe in ihre Bestandteile zerlegen, eine groſse Reihe Reinkulturen derselben darstellen und endlich Gärungsversuche ausführen, teils mit jeder Art für sich, teils mit Mischungen von denselben, wohlgemerkt in einer solchen Weise, daſs die Versuche den Verhältnissen in den Brauereien selbst gleichen würden. Wenn die Vorstellung, von der ich ausging, richtig war, so muſste ich auf diese Weise Kenntnis davon erlangen, welche von meinen Reinkulturen gute Brauereihefe, und anderseits welche von denselben Krankheitshefe enthielten. Eine solche Untersuchung wird heutigestags mit ziemlicher Leichtigkeit in jedem gärungsphysiologischen Laboratorium vorgenommen; damals aber waren Schwierigkeiten zu überwinden. Seitdem hat die Technik sich gerade auf diesem Gebiete in hohem Grade entwickelt.

Die Versuche zeigten, daſs die erwähnten Krankheiten durch Hefenarten hervorgerufen waren, welche von den in der Anstellhefe der beiden Brauereien im Übergewicht vorhandenen beiden Kulturarten, von denen jede für sich allein gutes Bier gab, ganz verschieden waren. Wie die folgenden Abschnitte zeigen werden, gibt es eine nicht geringe Anzahl von Arten, durch deren Einwirkung ähnliche Krankheiten wie die genannten entstehen können. Von allen diesen Krankheitshefenarten gilt, daſs sie sich durch mehrere Kennzeichen deutlich von den Brauereihefenarten unterscheiden. Genaue Experimente haben nun ferner gelehrt, daſs die Krankheitshefen von auſsen her in den Betrieb eindringen, und daſs sie nicht Entwickelungsformen der Brauereihefen sind.

Seitdem es mir gelungen ist, die Reinzucht in den Brauereien einzuführen, hat sich in der Praxis selbst günstige Gelegenheit geboten, wichtige Beobachtungen nach verschiedenen Richtungen hin zu machen. In den beiden Brauereien Alt- und Neu-Carlsberg habe ich nun seit einer langen Reihe von Jahren diese Züchtung reiner Hefe im grofsen studiert. Niemals zeigte sich ein Anzeichen, dafs die Brauerei-hefenarten Hefenformen wie die erwähnten krankheitserregenden entwickeln könnten, im Gegenteil, sie behielten unter den Brauereiverhältnissen fortwährend ihre Artencharaktere. Die Theorien von dem Aus-arten und der Umbildung der Hefe haben sich also in dieser Hinsicht ganz unrichtig erwiesen.

Wie überhaupt alle Organismen, sind selbstverständlich auch die Brauereihefenarten Variationen unterworfen. So lange sie sich unter Brauereiverhältnissen befinden, zeigen sie jedoch, wie schon erwähnt, nur kleine Abänderungen, und diese sind flüchtiger Natur. Wenn wir sie vom Standpunkte des Biologen aus betrachten, sind wir zunächst dazu geneigt, dieselben als ganz unbedeutend zu bezeichnen; für den prak-tischen Brauer stellt sich die Sache dagegen ganz anders. Diese Umbil-dungen können nämlich in unangenehmer Weise hervortreten und zu-weilen eine empfindliche Störung verursachen. Wie ein Wellengang bewegen sie sich im Laufe des Jahres durch den Betrieb; von der Ursache haben wir in den meisten Fällen nicht einmal eine Ahnung.

Die Frage nach der Variation der Hefenarten hat also nicht nur ein grofses theoretisches, sondern ein ebenso grofses praktisches Interesse. Eine Übersicht der experimentellen Untersuchungen, welche ich in dieser Richtung bis 1890 ausgeführt habe, findet sich im Kapitel „Über die Variation" in meinen gegenwärtigen „Untersuchungen aus der Praxis der Gärungsindustrie" I. Heft 2. Ausgabe. Diese Studien werden in meinem Laboratorium ununterbrochen fortgesetzt. Eine nähere Erwähnung derselben ist jedoch in dieser Abhandlung, welche von Krankheiten handeln soll, nicht am Platze. Die Störungen, welche von der Brauerei-hefe selbst verursacht werden, können wir nämlich nicht als Krank-heiten auffassen, wenigstens nicht in dem Sinne, wie wir hier dieses Wort gebraucht haben, und wie dasselbe bisher in der Literatur ge-braucht wurde.

In den folgenden Abschnitten werden meine Versuche über durch Alkoholgärungspilze hervorgerufene Krankheiten sowie einige damit in Verbindung stehende Untersuchungen beschrieben. Bei den zahlreichen hierzu erforderlichen Arbeiten sind die Herren Assistenten Gram und Nielsen mir mit vielem Eifer behilflich gewesen.

### Hefentrübung im Biere, hervorgerufen durch Saccharomyces ellipsoïdeus II und Sacch. Pastorianus III.

Als ich in den Jahren 1882 und 1883 meine Studien über diese Krankheit begann, gehörte dieselbe zu den am meisten gefürchteten, nicht allein in Dänemark, sondern in noch höherem Grade in Deutschland.

Es war damals gar nicht selten, daſs sie den Untergärungs-Brauereien herbe Verluste verursachte. Wie wir bereits gesehen haben, war man eine zeitlang der Meinung, daſs es ein fremder Hefepilz, Saccharomyces exiguus, sei, welcher diese Krankheit hervorrufe, später huldigte man der Auffassung, daſs ihre Ursache darin zu suchen sei, daſs die gewöhnliche Brauereihefe selbst, Sacch. cerevisiae, degeneriere, so daſs dieselbe, statt groſse, gewichtige Zellen zu entwickeln nur kleine, leichte bilde.

In der Brauerei Tuborg bei Kopenhagen äuſserte sich diese Krankheit in folgender Weise: Gleich nach dem Abziehen des angegriffenen Bieres in den kalten Lagerkellern nach Schluſs der Lagerung war dasselbe klar und scheinbar fehlerfrei; nachdem es aber in den Fässern oder Flaschen, in welche es abgezogen war, einige wenige Tage einer höheren Temperatur als der des Lagerkellers ausgesetzt war, z. B. nur gewöhnlicher Zimmerwärme, so bildete sich ein mehr oder weniger reichlicher Hefenbodensatz, der bei einer auch nur ziemlich geringen Bewegung der Flüssigkeit diese trübte. Bei starker Entwickelung der Krankheit wurde das davon ergriffene Bier bereits ein paar Tage nach dem Abzapfen so hefentrüb, daſs es ganz und gar untrinkbar wurde.

Die in dieser Veranlassung von mir angestellten Untersuchungen wurden 1883 in der Zeitschrift des Carlsberger Laboratoriums veröffentlicht. Der Übersicht halber werden hier unten die wichtigsten Resultate derselben mitgeteilt; im Anschluſs hieran folgen die neuen Versuche, welche ich in den späteren Jahren ausgeführt habe.

I. Versuchsreihe. — Aus dem kranken Biere der genannten Brauerei schied ich die darin befindlichen Alkoholgärungspilze aus und erhielt auf diese Weise drei Arten, nämlich eine zur Gruppe Sacch. cerevisiae (Hauptbestandteil der Unterhefe der Brauerei) gehörige und zwei wilde Hefenarten, die ich unter den Namen Sacch. Pastorianus III und Sacch. elipsoideus II[1]) in die Literatur eingeführt habe. — Meine Aufgabe war danach, zu entscheiden, ob eine der beiden letztgenannten Arten die Ursache der Krankheit bilde. Zu diesem Zwecke stellte ich vorerst eine Reihe Experimente an mit Hilfe von sechs zweihalsigen Kolben, welche je 700 ccm der gleichen sterilisierten Würze enthielten. Zwei der Kolben, welche mit A gezeichnet waren, wurden dann mit je 1¹/₄ ccm der gedachten Sacch. cerevisiae, die zwei mit B gezeichneten mit 1 ccm derselben Brauerei-Hefeart und auſserdem noch ¹/₄ ccm von Sacch. ellipsoideus II beschickt; zu zwei mit C gezeichneten Kolben wurde ebenfalls je 1 ccm der oft genannten Brauereihefe und auſserdem ¹/₄ ccm von Sacch. Pastorianus III hinzugefügt. Die verwendete Hefe war in allen Fällen dickflüssig und in dieser

---

[1]) Rücksichtlich dieser sowie der im nachfolgenden erwähnten Arten verweise ich auf die Beschreibungen, welche sich an verschiedenen Stellen in meinen „Untersuchungen über die Physiologie und Morphologie der Alkoholgärungspilze" finden, sowie auf die Zusammenstellung derselben in den S. 24 genannten Werken von Jörgensen und Zopf.

Hinsicht einigermafsen gleich; dieselbe war in Reinkulturen unter gleichen Verhältnissen erzeugt und bestand aus jungen, kräftigen Zellen. Die Hauptgärung ging bei gewöhnlicher Zimmertemperatur vor sich, die Nachgärung während der Lagerung bei ca. 7° C. Zur Lagerung wurden ebenfalls zweihalsige Kolben benutzt; diese wurden mit dem betreffenden Biere stark gefüllt. Nach ca. drei Monate langem Lagern desselben wurde es auf andere sterilisierte Kolben abgezapft, die dann in einen Schrank bei gewöhnlicher Zimmertemperatur gestellt wurden. Es zeigte sich alsdann, dafs das Bier aus B und C nach weniger als 8 tägigem Stehenlassen ganz hefentrüb wurde, während dem Biere aus A nach 14 Tagen nichts fehlte.

Hieraus ging also hervor, dafs die eine der drei Hefenarten des kranken Bieres, nämlich Sacch. cerevisiae, ein haltbares Produkt gab, wenn sie in der gärenden Flüssigkeit allein zugegen war, dafs aber anderseits die Krankheit sich einstellte, sobald eine der beiden anderen Arten, gleichviel welche, mit ihr unter den genannten Umständen vermischt wurde.

Sowohl in diesem, als überhaupt in allen den Versuchen, welche allmählich unternommen wurden, um nicht blofs die Natur der hier in Frage stehenden Krankheiten, sondern auch diejenige anderer Krankheiten zu ermitteln, wurde natürlich Sorge getragen, dafs die zu derselben Reihe gehörenden Gärungen in allen Verhältnissen, mit Ausnahme in der Zusammensetzung der Anstellhefe, um deren Einwirkung die Frage sich drehte, übereinstimmten. Es wurde selbstverständlich auch immer mit absoluten Reinkulturen gearbeitet.

Mit verschiedenen Variationen stellte ich im Laboratorium eine ziemlich grofse Anzahl Versuche über die Hefetrübungserscheinungen an; namentlich wurden sie auch mit anderen Bierhefenformen als der genannten aus der Brauerei Tuborg unternommen. Das Ergebnis war das gleiche. Durch Erweiterung der Untersuchungen erhielt ich zugleich die interessante Aufklärung, dafs die beiden Krankheitshefenarten die Krankheit nicht hervorrufen, wenn sie erst am Ende der Hauptgärung, also in dem Stadium, wo die Lagerung beginnt, dem Biere zugefügt werden.

Diese Versuche wurden nun mit gröfseren Massen wiederholt. Es wurden dieselben Fragen wie früher gestellt; aufserdem wünschte ich, Aufklärung darüber zu erhalten, wie grofse Mengen von Krankheitshefe in der Stellhefe vorhanden sein müssen, um die Krankheit hervortreten zu lassen, und endlich, welchen Einflufs eine geringere oder stärkere Attenuation in der Hauptgärung, sowie eine kürzere oder längere Zeit der Lagerung ausüben würde.

Als Beispiele der Versuche, welche ich mit Rücksicht auf die Beantwortung dieser Fragen unternahm, seien die folgenden hier angeführt.

II. Versuchsreihe. — Zwei Pasteur'sche Gärbottiche, A und B, wurden mit je 165 l gelüfteter Würze (13,5 % Ball.), wie sie in der Brauerei zu gewöhnlichem Lagerbier verwendet wird, beschickt. A wurde mit 660 g dickflüssiger Bierhefe von der Art, welche ich später unter dem Namen „Carlsberger Unterhefe Nr. 1" beschrieben habe, versetzt, der zweite Bottich, B, mit 644 g derselben Hefe und aufserdem noch mit 16 g gleichfalls dickflüssiger Hefe von Sacch. ellipsoïdeus II. Die Vegetationen der beiden Hefearten waren jung, kräftig und unter denselben Verhältnissen erzeugt. Die Temperatur der Würze betrug beim Zugeben der Hefe 7° C., die Temperatur des Raumes während der Hauptgärung 7° bis 10° C. Nach 8tägigem Stehenlassen war die Extraktmenge in A auf 7,6, in B auf 7,5 % Ball. gesunken. Aus jedem Bottiche wurde sodann ein Fafs von 66 l mit dem betreffenden Biere angefüllt und darauf in einen Lagerkeller gelegt, dessen Temperatur 2° C. betrug. Der übrige Teil des Bieres wurde danach einer fortgesetzten Gärung überlassen. Nachdem diese in allem 10 Tage gedauert hatte, betrug die Extraktmenge sowohl in A als in B 6,7 % Ball. Hierauf wurde in Fässer abgezogen und die vergorene Flüssigkeit gleich den ersten Portionen in den genannten Lagerkeller gelegt.

Nachdem die beiden ersten Portionen Bier, dessen Extraktgehalt beim Beginn der Lagerung ca. 7,5 % Ball. war, 2½ Monat im Lagerkeller verbracht hatten, wurden sie auf reine, klare Flaschen aus farblosem Glas gezapft und diese dann in einen dunkeln Schrank im Laboratorium gestellt. Gleich nach dem Abzapfen waren in Übereinstimmung mit den früheren Versuchen beide Biersorten ohne jegliche Spur von Hefentrübung; aber schon nach eintägigem Stehen machte sich eine beginnende Hefe-Entwickelung in B bemerkbar; nach fünf Tagen war B deutlich hefentrüb, A dagegen nicht.

Die letzten Fässer, deren Inhalt bei ihrem Verbringen in den Lagerkeller eine Konzentration von 6,7 % Ball. zeigte, wurden nach Verlauf von 3 Monaten ganz wie oben beschrieben behandelt. Das Bier sowohl aus B als aus A war indessen vollständig haltbar; seine Extraktmenge betrug nun 5,9 % Ball.

Diese Versuchsreihe lehrt uns also, dafs die Krankheit noch eintreten kann, wenn Sacch. ellipsoïdeus II nur ¼₁ der Anstellhefe betrug, aber nur wenn das Bier mit einem Extraktgehalte von wenigstens 7,5 % Ball. in den Lagerkeller gebracht wurde, und wenn die Lagerung unter diesen Verhältnissen nach 2½ Monaten unterbrochen wurde. Wurde die Gärung dagegen im Gärkeller fortgeführt, so dafs der Extraktgehalt auf 6,7 % herunterging, und lagerte man dieses Bier wenigstens 3 Monate lang, so zeigte sich die Krankheit nicht mehr.

Dieser Versuch wurde wiederholt, aber mit der Veränderung, dafs zur Anstellhefe für den Bottich B ¼₁ von Sacch. Pastorianus III anstatt Sacch. ellipsoïdeus II verwendet wurde. Das Hauptergebnis blieb das gleiche; es zeigte sich jedoch sowohl in diesem als auch in einigen anderen Versuchen, dafs die letztere Hefeart die schlimmere ist.

Endlich wurden auch Versuche mit grofsen Mafsen angestellt, um zu erfahren, welchen Einflufs es hat, wenn die Infektion erst am Ende der Hauptgärung erfolgt.

III. Versuchsreihe. — Das zu dieser Versuchsreihe verwendete Lagerbier und Exportbier wurde dem Gärkeller der Brauerei Alt-Carlsberg in dem Stadium entnommen, in dem seine Überführung in den Lagerkeller vor sich geht. Mit jeder Biersorte wurden drei Fässer, A, B und C, je 16 1/2 l fassend, gefüllt. B wurde sodann mit 10 ccm Hefe von Sacch. ellipsoïdeus II und C mit 10 ccm Hefe von Sacch. Pastorianus III infiziert; die mit A gezeichneten wurden nicht infiziert, sondern dienten zur Kontrolle. Die Hefe war dickflüssig und bestand, gleich wie in allen den bisher erwähnten Versuchen, aus jungen, kräftigen Vegetationen, die in Würzekulturen erzeugt waren. Nachdem die Versuche auf diese Weise angestellt waren, wurden die Fässer in den Lagerkeller der Brauerei gelegt und hier in gewöhnlicher Weise beinahe 2 1/2 Monate lang lagern gelassen, also eine verhältnismäfsig sehr kurze Lagerungszeit für das Exportbier. Die Temperatur betrug 2° C.

Nach Ablauf der Versuchsdauer stellte sich dann heraus, dafs das **stark infizierte Bier in jeder Beziehung vorzüglich war, und dafs seine Haltbarkeit derjenigen des nicht infizierten gleichkam.** Das Ergebnis blieb also auch in diesem Falle das gleiche wie bei den Versuchen mit den kleinen Mafsen im Laboratorium.

Die obigen Versuche sind in meiner vorgenannten Abhandlung von 1883 beschrieben. Ich werde nun dazu übergehen, einiges über die Untersuchungen, welche ich seitdem über diese Krankheit angestellt habe, mitzuteilen.

Die in den grofsen Pasteur'schen Gärbottichen ausgeführten Versuche stimmen so genau mit den Verhältnissen in den Brauereien überein, dafs ich keinen Anstand nahm, die gewonnenen Resultate auf die praktischen Verhältnisse zu übertragen. Die einzigen Einwendungen, welche hiergegen erhoben werden können, sind die, dafs diese Gärbottiche von den in den Brauereien gewöhnlich angewendeten dadurch verschieden sind, dafs sie es der Kohlensäure nicht gestatten, mit der Leichtigkeit zu entweichen, wie dies unter den normalen Brauereiverhältnissen geschieht. Ferner war die Temperatur in dem Lokal, in welchem meine Bottiche standen, ein wenig höher als dieselbe in den Gärkellern der Brauereien zu sein pflegt. Es war mir daher sehr lieb, dafs Herr Brauereidirektor Kapitän Kühle mir eine Abteilung der Gärkeller auf Alt-Carlsberg zu meinen neuen Versuchen gütigst überliefs. Für das mir so gezeigte Entgegenkommen drücke ich denn auch öffentlich hierdurch meinen besten Dank aus. — Von jetzt an wurden alle meine praktischen Untersuchungen vor Abschlufs derselben einer Prüfung in der Brauerei unterworfen. Die Laboratoriumsversuche mit den kleinen Mafsen können in Wirklickeit nur als vorläufige Richtschnur dienen, und es läfst sich nicht ohne weiteres aus diesen schliefsen, was im Betriebe unter den grofsen, praktischen Verhältnissen geschehen wird. Wenn man solche Versuche in der Brauerei selbst ausführt, mufs man natürlich die gröfste Sorgfalt und Vorsicht dabei verwenden; nur dann kann man dieselben vornehmen, ohne dafs sie dem Betriebe gefährlich werden.

IV. Versuchsreihe. — Im genannten Gärkeller wurden drei Bottiche, A, B und C, aufgestellt; dieselben waren aus Holz und hatten die gleiche Gestalt wie gewöhnliche Gärbottiche. In jeden wurde eine Tonne (1¹/₃ hl) Lagerbierwürze, 14 % Ball., gebracht.

Zu A gab man 400 g Carlsberger Unterhefe Nr. 2
„ B „ „ 350 g „ „ Nr. 2 und
50 g Sacch. Pastorianus III
„ C „ „ 350 g Carlsberger Unterhefe Nr. 2 und
50 g Sacch. ellipsoïdeus II.

Die Temperatur der Würze betrug zur Zeit der Hefengabe 7,5° C. Nach 8 Tagen war der Extraktgehalt in A 8,13, in B 8,21 und in C 8,29 % Ball. Die Klärung in A war gut, in B und C nur ziemlich gut. Das Bier aus jedem Bottiche wurde dann auf zwei gleich grofse Fässer gezapft, welche gespundet und in einen Lagerkeller gelegt wurden, dessen Temperatur ¹/₂—2¹/₂° C. betrug.

Nachdem das Bier 1 Monat an diesem Orte zugebracht hatte, war es in allen Fällen klar und hatte das Aussehen und den Geschmack eines guten, normalen Bieres, wie dieses in den Handel gebracht wird. Aus jedem Fasse wurde auf die oben beschriebene Weise eine gröfsere Anzahl Flaschen abgezapft, welche dann in einen dunkeln Schrank bei gewöhnlicher Zimmertemperatur gestellt wurden.

Nach 8 Tagen war das Bier aus A noch immer klar, ohne wahrnehmbaren Bodensatz, während das aus B und C einen solchen in ziemlich starkem Mafse entwickelt hatte, der beim Schütteln die Flüssigkeit trübte.

Die in diesem Versuche benutzte Brauereihefeart gehört zu denjenigen, welche nach kurzer Lagerung klares Bier mit vollmundigem Geschmack, aber mit ziemlich geringer Haltbarkeit geben.

Nach 12 tägigem Stehen der Flaschen begann auch in dem aus A stammenden Biere ein deutlicher Hefenbodensatz sich zu zeigen; das Bier aus B und C war jedoch in dieser Beziehung viel stärker angegriffen.

Das gleiche Hauptresultat gab ein ähnlicher, mit Carlsberger Unterhefe Nr. 1 und den beiden Krankheitshefearten ausgeführter Versuch, bei welchem die Lagerung jedoch 1 Monat länger fortgesetzt wurde. Gleichwie in früheren Versuchen erreichte das mit dieser Brauereihefe vergorene Bier eine viel gröfsere Haltbarkeit als das mit Carlsberger Unterhefe Nr. 2 hergestellte.

Wie zu erwarten war, riefen die beiden wilden Hefearten also auch dann die Krankheit hervor, wenn die Gärung in der Brauerei selbst und unter den daselbst obwaltenden Verhältnissen geführt wurde; Sacch. ellipsoïdeus II war die schlimmste der beiden Arten.

Es erübrigt noch, zu untersuchen, was mit dem Biere geschieht, wenn dasselbe erst nach beendigter Lagerung mit den beiden Arten in

Berührung kommt, also in den kleinen Fässern und in den Flaschen, in welche es abgezapft wird, um zum Ausstofs zu kommen.

Für diese Versuche benutzte ich Halbflaschen aus klarem, farblosem Glase von der zum Abzapfen von Bier im Handel allgemein üblichen Gröfse und Gestalt; jede Flasche fafste ca. 350 ccm. Nachdem dieselben gereinigt waren, wurden sie sowie die zugehörigen Pfropfen sterilisiert. Nach dem Füllen der Flaschen, welches mit grofser Sorgfalt ausgeführt wurde, wurden die Portionen der beiden Krankheitshefen, deren Wirkung zu untersuchen war, eingeführt, und die Flaschen sorgfältig verschlossen. Hierauf wurden sie gut geschüttelt und zuletzt in einen dunklen Raum bei gewöhnlicher Zimmerwärme gestellt. Die Infektion war in allen Fällen reichlich, jedoch immer in dem Mafse, dafs das Bier gleich nach dem Schütteln klar blieb. Auch die nicht infizierten Flaschen, die zusammen mit den anderen zur Kontrolle hingestellt wurden, wurden natürlich ebenso wie diese geschüttelt und in jeder Hinsicht auf dieselbe Weise wie diese behandelt, nur mit dem Unterschiede, dafs sie nicht infiziert wurden. Es wurde übrigens bei diesen ebenso wie bei den früher erwähnten Versuchen auf die Nachahmung der praktischen Verhältnisse Gewicht gelegt. Das Bier, gewöhnliches Lagerbier, entstammte der Brauerei Alt-Carlsberg; nur in einigen wenigen Fällen benutzte ich Bier aus einigen meiner eigenen mit Reinkulturen von Brauerei-Unterhefe ausgeführten Gärungen. Das letztgenannte Bier näherte sich in seiner chemischen Zusammensetzung dem erwähnten Lagerbier, dessen Alkoholgehalt 4,3 % und Extraktgehalt 5,6 % betrug.

Von den mit Rücksicht auf die oben angegebenen Fragen ausgeführten Versuchen seien hier die drei folgenden als Beispiele mitgeteilt.

V. Versuchsreihe. — Junge, kräftige Vegetationen der beiden Krankheitshefearten, welche in gewöhnlichen Würzekulturen erzeugt worden waren, wurden in ziemlich dünnflüssigem Zustande zum Infizieren von 12 Flaschen Lagerbier angewendet. Zu je einer von drei Flaschen wurde ein Tropfen von Sacch. Pastorianus III gegeben; ferner wurden drei Flaschen mit je drei Tropfen derselben Hefeart infiziert; sechs Flaschen wurden in gleicher Weise mit Hefe von Sacch. ellipsoïdeus II versetzt; drei nicht infizierte Flaschen dienten zur Kontrolle.

Nach 10 tägigem Stehenlassen waren alle noch klar, ohne bemerkbaren Bodensatz.

Vier Tage später war dieses bei den Kontrollflaschen immer noch der Fall. In den mit Sacch. Pastorianus III infizierten Flaschen wurde ein kleiner Bodensatz gefunden, welcher bewirkte, dafs die Flüssigkeit durch Schütteln verschleiert wurde. Die Flaschen mit der andern Krankheitshefe hatten zu dieser Zeit einen stärkeren Bodensatz entwickelt; die drei, welche je einen Tropfen empfangen hatten, wurden durch Schütteln schwach hefentrüb, die drei jedoch, welche je drei Tropfen empfangen hatten, zeigten eine starke Hefentrübung.

VI. Versuchsreihe. — 24 Flaschen wurden infiziert, je 12 Flaschen mit einer der beiden Arten. Die Hefe war in Flaschen mit Lagerbier erzeugt, welche ca. 10 Tage bei gewöhnlicher Zimmerwärme gestanden hatten, und welche häufig geschüttelt worden waren, um die Vermehrung zu beschleunigen. Sie bestand aus einer kräftigen Vegetation und wurde in ziemlich dünnflüssigem Zustande verwendet. Mit Sacch. Pastorianus III wurden vier Flaschen infiziert mit je einem Tropfen, vier mit je zwei Tropfen, zwei mit je vier Tropfen und zwei mit je acht Tropfen. In gleicher Weise wurden zwölf Flaschen mit Hefe von Sacch. ellipsoïdeus II infiziert; drei Flaschen dienten zur Kontrolle.

Nach dem 7 tägigen Stehen dieser Flaschen wurde nur in den zwei, welche je acht Tropfen von Sacch. ellipsoïdeus II empfangen hatten, ein bemerkbarer Bodensatz gefunden; die Flüssigkeit in diesen wurde nach dem Schütteln schwach verschleiert; alle übrigen Flaschen waren klar und ohne Bodensatz.

Nach 14 tägigem Stehen waren die Kontrollflaschen sowie die zehn mit Hefe von Sacch. Pastorianus III infizierten Flaschen vollständig klar und ohne wahrnehmbare Hefe-Entwickelung; die zwei Flaschen, welche je acht Tropfen von dieser Hefeart empfangen hatten, waren ebenfalls klar; bei näherer Betrachtung ließ sich aber in ihnen ein kleiner Bodensatz erkennen; durch Schütteln wurde das Bier jedoch nur wenig verschleiert. Die vier Flaschen, welche je einen Tropfen von Sacch. ellipsoïdeus II empfangen hatten, verhielten sich wie die Kontrollflaschen; die übrigen zeigten dagegen je nach der Stärke der Infektion schwächere bezw. stärkere Anzeichen der Hefentrübung. Nach dem Umschütteln wurden jedoch nur diejenigen Flaschen deutlich hefentrüb, welche am stärksten infiziert worden waren (vier bezw. acht Tropfen).

Einige Versuchsreihen, welche auf dieselbe Weise wie die beiden vorhergehenden ausgeführt wurden, aber unter Anwendung von Faßgeläger, gaben im wesentlichen dasselbe Resultat. Dieses Faßgeläger entstammte einigen der in der Beschreibung der Versuche, in welchen die beiden Krankheitshefenarten zusammen mit der Stellhefe am Beginn der Hauptgärung der Würze zugegeben waren, erwähnten Lagerfässer. Die Zellen, welche bei diesen Versuchen in die Flaschen eingeführt wurden, waren also unter Brauereiverhältnissen im Gär- und Lagerkeller erzeugt. Sie waren weniger kräftig als in den vorhergehenden Fällen, und hierin suche ich die Ursache, warum die Wirkung etwas schwächer ausfiel.

Auch in den Versuchen, welche angestellt wurden zur Ermittelung des Einflusses, welchen eine erst in dem Stadium, wo das Lagerbier zum Verschleiß auf die Flaschen gezapft wird, vorgenommene Infektion hat, stellte es sich also heraus, daß Sacch. ellipsoïdeus II die kräftigere der beiden Krankheitshefen ist. Wir erfuhren weiter, daß die Wirkung der Infektion eine bedeutendere war, wenn sie mit jungen, kräftigen Zellen, welche im Laufe weniger Tage in Würze erzeugt waren, als wenn sie mit der einer langwierigen Gärung entstammenden Vegetation vorgenommen wurde. Damit Sacch. Pastorianus III sich unter diesen Verhältnissen geltend machen konnte, mußten dem Flaschenbier so grofse Mengen davon zugegeben werden, wie sie meiner Ansicht nach in der Praxis niemals vorkommen. Die andere Art verhielt sich, wie schon gesagt, etwas anders. Wenn die zur Infektion angewendete dünnflüssige Hefe aus jungen, kräftigen Zellen bestand, war es nämlich hinreichend, einen Tropfen davon in jede Flasche zu bringen, um zu bewirken, dafs das Bier nach 14 Tagen hefentrüb wurde, während das Bier in den Kontrollflaschen sich ungefähr drei Wochen lang hielt. Eine stärkere Infektion rief schneller Hefetrübung hervor. Diese Art wird sonach auch in diesem Punkte in der Praxis Störungen hervorrufen können. Eine starke Lüftung des Bieres während des Abziehens sowie ein schlechtes Pfropfen der Flaschen fördert die Entwickelung wilder Hefenzellen. Schwach vergorenes und an Extrakt reiches Bier ist denn auch der Ansteckung mehr ausgesetzt als anderes Bier. Dieses gilt von dem Biere sowohl am Beginn als am Schlufs der Lagerung. Die geringe Infektion, welche der Staub der Luft mit sich bringen kann, wird in dieser Hinsicht kaum Bedeutung erlangen können. Wenn Bier, welches während seines Aufenthaltes in den Lagerfässern gut war, nach dem Abziehen von der hier besprochenen Krankheit befallen wird, so liegt die Ursache, dem Vorhergehenden gemäfs, darin, dafs die Flaschen und Transportfässer nicht gehörig gereinigt waren. Eine geringe Infektion in dem abgezogenen Lagerbiere ist ohne Wirkung; sogar von Sacch. ellipsoïdeus II mufs die Infektion verhältnismäfsig stark sein, um sich geltend zu machen.

Was von der Infektion des Lagerbieres in Flaschen gesagt wurde, wird im wesentlichen auch für dasselbe Bier, wenn es auf die kleinen Transportfässer abgezogen ist, Giltigkeit haben.

Auch fehlerfreies Bier, das mit einer Reinkultur einer guten Brauereihefeart vergoren, wird nach genügend langem Stehen Hefenbodensatz in den Flaschen und Fässern, in welchen es sich nach dem Abziehen befindet, bilden. Derselbe entwickelt sich jedoch, wie wir bereits gesehen haben, viel langsamer als der von den Krankheitshefen gebildete. Als Regel fand ich auch, dafs in den beiden Fällen ein deutlicher Unterschied in der Beschaffenheit des Bodensatzes hervortrat. Wenn das gute Bier geschüttelt wurde, wurde es dessenungeachtet nicht undurchsichtig und trübe; die Hefenschicht ballte sich nämlich zu kleinen Klümpchen und Bröckchen zusammen, und diese Partikeln sanken wieder schnell zu Boden. Die Hefe im kranken Biere lag dagegen nicht fest; im Gegenteil, bei geringer Bewegung der Flüssigkeit stieg eine ganze Wolke von Zellen auf, während bei starkem Schütteln solches Bier schlammig wurde.

Bei keinem der zahlreichen Versuche, die ich mit den beiden Hefenarten angestellt habe, beobachtete ich, dafs dieselben dem Biere einen
unangenehmen Geschmack und Geruch mitgeteilt hätten, auch nicht in
den Fällen, wo sie eine ausgeprägte Hefentrübung hervorgerufen hatten.
Feine Bierkenner konnten zwar einen Unterschied bemerken, derselbe machte
sich aber nicht als Krankheit bemerkbar.

Bevor ich dieses Kapitel schliefse, will ich hier einige Beobachtungen
über die eine der darin besprochenen Krankheitshefenarten, Sacch.
Pastorianus III, mitteilen.

In einer meiner früheren Arbeiten habe ich in Kürze einige Beobachtungen berührt, welche ich betreffs der Bedeutung des Lüftens der
Würze angestellt hatte. Durch Züchten von Carlsberger Unterhefe Nr. 1
und 2, jede für sich in gelüfteter Würze, erhielt ich eine Stellhefe, welche
unter Brauereiverhältnissen gute, normale Klärung gab. Wurden dagegen die nämlichen beiden Hefenarten in einer ganz ähnlichen, aber nicht
gelüfteten Würze gezüchtet, so erhielt ich eine Hefenvegetation, welche erst,
nachdem sie mehrere Gärungen in der Brauerei durchgemacht hatte,
wieder in der normalen Weise zu arbeiten befähigt war. Die Hefe
Nr. 2 kehrte jedoch schneller zu ihrer ursprünglichen Arbeitsweise zurück
als Nr. 1; beide waren einer vorläufigen Umbildung unterworfen worden,
die eine jedoch in höherem Grade als die andere.

Das durch Gärung der nicht gelüfteten Würze erzeugte Bier war
in hohem Grade opalisierend; eine verlängerte Lagerung desselben schaffte
in dieser Hinsicht in der Regel nur wenig Abhilfe; das Bier blieb trüb,
auch nachdem es mehrere Tage lang gewöhnlicher Zimmerwärme ausgesetzt gewesen war. Es gilt dies besonders von dem mit Carlsberger
Unterhefe Nr. 1 erzeugten Biere. Die gelüftete Würze gab klares Bier, die
nicht gelüftete trübes, opalisierendes.

Wenn ich dagegen in die nicht gelüftete Würze eine Stellhefe brachte,
welche nicht allein aus einer der genannten Unterhefenarten bestand,
sondern aufserdem noch mit einer kleinen Portion der Krankheitshefeart
Sacch. Pastorianus III versetzt worden war, so gestaltete sich das Ergebnis ganz anders. In diesem Falle wurde auch das von der nicht gelüfteten Würze erzeugte Bier klar; die Krankheitshefeart hatte also hier
als eine Art Heilmittel gewirkt.

Als ich einige Jahre später diese Versuche wiederholte, wurde
das Ergebnis ein anderes. Als Regel ergab sich nun, dafs auch das
Bier der nicht gelüfteten Würze klar wurde; doch wurden diese neuen
Versuche ebenso wie die früheren mit Würze von gewöhnlichem Lagerbier aus der Brauerei Alt-Carlsberg und mit den nämlichen Hefenarten angestellt. Einige der Versuche wurden im Laboratorium mit Hilfe
von 10 l Kolben, welche mit 7 l der Würze beschickt waren, ausgeführt,

andere in einem Gärkeller unter Brauereiverhältnissen. Die Lagerung erfolgte in allen Fällen bei einer Temperatur von 1—2 ° C., sowie ich überhaupt bemüht war, die Verhältnisse der Praxis möglichst genau nachzuahmen. Nur in einem dieser neuen Versuche wurde das Bier aus der nicht gelüfteten Würze opalisierend. Dieser Versuch wurde in vier von den bereits erwähnten Bottichen im Gärkeller von Alt-Carlsberg angestellt; in dem ersten wurde die Gärung mit Carlsberger Unterhefe Nr. 1 ausgeführt, im zweiten mit einem Gemische von dieser Hefe und Sacch. Pastorianus III; im dritten mit Carlsberger Unterhefe Nr. 2 und im vierten mit einem Gemische von der letztgenannten Hefe und Sacch. Pastorianus III. Das Hauptergebnis war dies, daſs das vermittelst Carlsberger Unterhefe Nr. 2 dargestellte Bier nur schwach opalisierte, während das Bier von Carlsberger Unterhefe Nr. 1 ein starkes Opalisieren zeigte. Das Bier aus dem Bottiche, in dem die Hefe aus Carlsberger Unterhefe Nr. 2 und Sacch. Pastorianus III bestand, war gleich nach dem Abziehen blank, während das aus dem vierten Bottiche stammende Bier, in dem die Hefe aus Carlsberger Unterhefe Nr. 1 und Sacch. Pastorianus III bestand, ziemlich stark opalisierte; doch war dieses hier in viel geringerem Grade der Fall als bei dem dem ersten Bottiche entstammenden Bier. Sacch. Pastorianus III hatte also die früher erwähnte Wirkung auf das opalisierende Bier ausgeübt.

Die wahrscheinlichste Erklärung dieser Schwankungen wird wohl darin zu finden sein, daſs die chemische Zusammensetzung der Würzen, mit denen ich zu verschiedenen Zeiten experimentierte, eine verschiedene gewesen sein wird. Die Untersuchungen haben uns jedenfalls gelehrt, daſs Sacch. Pastorianus III, der unter gewissen Umständen als eine gefährliche Krankheitshefeart auftreten kann, unter anderen befähigt ist, als Heilmittel zu wirken. Wir haben ferner gesehen, daſs die Würze eine solche Beschaffenheit haben kann, daſs sie der in den Brauereien üblichen Lüftung, welche bisher zur Erreichung einer guten Gärung und klaren Bieres für ganz notwendig angesehen wurde, nicht ausgesetzt zu werden braucht. Bezüglich der Bedeutung des Lüftens ist unser Wissen noch sehr gering, und eine eingehende Untersuchung nach dieser Richtung hin wird daher von groſsem Wert sein. Die obigen Beiträge habe ich hier mitgeteilt, weil ich glaube, daſs sich mir keine Gelegenheit mehr bieten wird, darauf zurückzukommen.

An dieser Stelle, wo von Schwankungen in der Wirksamkeit der Hefenarten die Rede ist, möchte ich auch die Beobachtung mitteilen, daſs dieselbe Zugabe von Krankheitshefe in einigen meiner Versuche sehr starke, in anderen dagegen nur sehr schwache Krankheitserscheinungen hervorrief; und dennoch schienen die

Versuche im wesentlichen auf die gleiche Weise ausgeführt zu sein. Der im Laufe des Jahres in der chemischen Zusammensetzung der Würze in derselben Brauerei stattfindende Wechsel mag zum Teil Schuld daran tragen; es ist aber auch denkbar, daſs eine vorläufige Umänderung im Zustande der Zellen eine Rolle dabei spielt. Wir stehen hier überhaupt ähnlichen Phänomenen gegenüber wie jenen, welche in der Literatur über die pathogenen Bakterien so häufig erwähnt werden. In der Konkurrenz, welche zwischen der Brauereihefe und den Krankheitshefenarten stattfindet, macht sich die Akkommodationsfähigkeit der Zellen denn auch allmählich immer mehr und mehr geltend. Über diese letzte Frage werde ich, wie ich hoffe, in meinen theoretischen Studien dazu kommen, einige Aufschlüsse mitzuteilen.

**Hauptresultat.** — Wir haben nun das Bier durch alle Stadien der Gärung auf seinem Wege von dem Gärbottich bis zum Lagerfasse und schlieſslich von diesem zu den Konsumenten verfolgt. Unsere Untersuchungen haben uns gelehrt, daſs es zwei Hefenarten sind, Sacch. Pastorianus III und Sacch. ellipsoïdeus II, welche, wenn sie sich in der Anstellhefe befinden und somit am Beginn der Hauptgärung der Würze zugegeben werden, die Krankheit hervorrufen. Eine der Versuchsreihen zeigte, daſs die Krankheit noch eintreten kann, wenn die Krankheitshefe nur $^1/_{41}$ der Anstellhefe betrug, daſs man sie aber anderseits unterdrücken kann, wenn für eine starke Vergärung und genügend lange Lagerung Sorge getragen wird. Sind gröſsere Portionen der Krankheitshefe zugegen, so ist es schwieriger, zuweilen ganz unmöglich, den Ausbruch der Krankheit abzuwehren.

Eine erst am Schlusse der Hauptgärung, beim Verbringen des Bieres in den Lagerkeller, stattfindende Infektion war dagegen ohne Wirkung. Bier, welches, ohne infiziert zu sein, den Gärkeller verläſst, wird in der Regel von der Krankheit nicht befallen, selbst wenn es in den Lagerfässern oder in den zu denselben führenden Leitungen mit den beiden Krankheitshefenarten in Berührung gelangt. Wir müssen uns indes wohl erinnern, daſs es auſser diesen noch eine groſse Anzahl anderer Mikroorganismen gibt, welche ebenso gefährliche Störungen hervorrufen können. Eine sorgfältige Reinigung der in den Lagerkeller führenden Leitungen sowie ein häufiges Pichen der Lagerfässer ist und bleibt daher immer von gröſster Wichtigkeit.

Wenn die Infektion nicht stark war, hatte sie keinen Einfluſs auf gutes, auf Flaschen abgezogenes Lagerbier. Von Sacch. Pastorianus III konnten sogar verhältnismäſsig sehr groſse Hefenmengen dem Biere zugegeben werden, ohne daſs irgend eine Krankheit dadurch herbeigeführt wurde. Die Zugabe eines Tropfens dünnflüssiger Hefe der andern

Art zu 350 ccm Lagerbier bewirkte eine schwache Hefentrübung, aber nur, wenn die Hefe aus jungen, kräftigen Zellen bestand.

Die Hauptregel ist die, daſs die beiden Arten am Beginne der Hauptgärung, und eigentlich nur in diesem Stadium, gefährlich sind. In allen Fällen hat Sacch. ellipsoïdeus II sich als die kräftigere der beiden Hefen erwiesen. Von den Schwankungen, welche dieselbe Infektion in ihren Wirkungen zeigen kann, wurde in der vorhergehenden Darstellung gesprochen.

In den letzten Jahren sind diese Arten auch von Lasche in Chicago und von Kokosinski in Lille beobachtet worden. Diese Forscher haben nachgewiesen, daſs sie in nordamerikanischen und französischen untergärigen Bieren in ähnlicher unheilbringender Weise auftreten, wie in den dänischen und deutschen. In einem der folgenden Abschnitte werden wir mit anderen Arten, welche gleichfalls Hefentrübung im Biere erregen, Bekanntschaft machen. Die beiden hier besprochenen betrachte ich indes als besonders gefährlich in dieser Hinsicht; namentlich gilt dieses von Sacch. ellipsoïdeus II.

### Saccharomyces exiguus.

Der oben gegebenen historischen Darstellung entnehmen wir, daſs man in den nächsten Jahren nach der Erscheinung von Reess' Untersuchungen über die Alkoholgärungspilze geneigt war, dem Saccharomyces exiguus die Schuld für Störungen beizumessen, welche in der Gärung eintreten konnten, wenn das Bier nicht klären wollte, wenn es nach der Lagerung hefentrüb wurde oder einen unangenehmen Geschmack annahm. Versuche stellte man, wie gesagt, keine an, sondern begnügte sich mit einer einfachen mikroskopischen Untersuchung. Die kleinen Hefenzellen, welche man in solchem schlechten Biere auffinden konnte, wurden als der Reess'schen Art Sacch. exiguus angehörig bestimmt, und diesem Mikroorganismus wurde somit die Schuld einer ganzen Reihe verschiedener Kalamitäten zugeschrieben. Man wuſste damals noch nicht, daſs eine jede Saccharomyces-Art Zellen entwickeln kann, welche zu der genannten, von Reess aufgestellten Art gerechnet werden können.

Will man bei dem Wissen, welches wir jetzt besitzen, diesen systematischen Namen noch immer anwenden, so muſs derselbe zunächst an die Art, welche ich in meinen „Untersuchungen über das Verhalten der Alkoholgärungspilze gegenüber den Zuckerarten" besprochen habe (Mitteilungen des Carlsberger Laboratoriums, Bd. II, H. 5. 1888), geknüpft werden. Mit dieser Art stellte ich einige Versuche an, von denen die hier folgenden als Beispiele mitgeteilt werden.

I. Versuchsreihe. — Drei in dem Gärkeller der Brauerei Alt-Carlsberg aufgestellte Bottiche, A, B und C, wurden mit je einer Tonne (1⅓ hl)

Lagerbierwürze, 14,3 % Ball. beschickt. Die Bottiche waren die im vorigen Abschnitte erwähnten hölzernen Gärungsbottiche.

A wurde mit 400 g von Carlsberger Unterhefe Nr. 2 versetzt
B „ „ 350 „ „ „ „ „ „ und
75 „ Sacch. exiguus versetzt
C „ „ 400 „ Carlsberger Unterhefe Nr. 2 „

Die Hefe bestand in allen Fällen aus jungen, kräftigen, bei ca. 10° C. erzeugten Vegetationen und war ziemlich dickflüssig. Der Wärmegrad der Würze beim Anstellen der Hefe betrug 7½° C., der des Gärungskellers während des ganzen Versuches 8—9° C.

Nach sieben Tagen betrug die Extraktmenge in A 7,37; in B 7,45 und in C 7,21% Ball. Die Klärung war in allen drei Bottichen eine gute, auch Geruch und Geschmack des Bieres waren tadellos und in allen Bottichen gleich.

Das jedem Bottiche entstammende Bier wurde auf zwei gleich grofse Fässer geschlaucht, das eine Fafs mit Bier aus C mit 15 g, das andere mit 30 g dickflüssiger Hefe von Sacch. exiguus beschickt. Hierauf wurden sämtliche Fässer gespundet und in einen Lagerkeller, dessen Temperatur ½—2½° C. betrug, gelegt.

Nach dreimonatlicher Lagerung wurden von jedem Fasse auf die im vorigen Kapitel angegebene Weise einige Flaschen Bier abgezogen und in einem dunklen Schranke bei gewöhnlicher Zimmertemperatur aufbewahrt. Das Bier war in allen Fällen gleich nach dem Abziehen vollständig klar und hatte einen guten Geschmack und guten Geruch. Nach 15 tägigem Stehen war das aus A, B und C stammende Bier noch immer gleich und in jeder Beziehung tadellos.

II. Versuchsreihe. — Das Verfahren war das gleiche wie bei der vorigen Versuchsreihe: Es kamen sechs Bottiche, A, B, C, D, E, F zur Anwendung.

A wurde mit 400 g Carlsberger Unterhefe Nr. 1 beschickt
B „ „ 400 „ „ „ „ 2 „
C „ „ 350 „ „ „ „ 1 und
50 „ Sacch. exiguus beschickt
D „ „ 350 „ Carlsberger Unterhefe „ 2 und
50 „ Sacch. exiguus beschickt
E „ „ 400 „ Carlsberger Unterhefe „ 1 „
F „ „ 400 „ „ „ „ 2 „

Der Extraktgehalt der Würze betrug 13,9% Ball., ihre Temperatur bei der Zugabe der Hefe 7° C.

Die Hauptgärung wurde nach zehn Tagen abgeschlossen; nach Ablauf dieser Zeit wurden in A 6,80; in B 7,78; in C 7,13; in D 7,70; in E 6,72 und in F 7,86% Ball. gefunden. Die Klärung war in allen Fällen gut, am besten in B und F. Geruch und Geschmack des Bieres waren in allen Bottichen wesentlich gleich. Das aus E stammende Bier wurde ebenso wie bei dem ersten Versuche mit 75 g von Sacch. exiguus, und das aus F stammende ebenfalls mit einer gleichen Portion derselben Hefeart versetzt.

Nach kaum zweimonatlicher Lagerung enthielt A 5,74; B 6,72; C 5,90; D 6,56; E 5,74 und F 6,64% Ball. Das jetzt vollständig klare Bier, wurde wie oben beschrieben auf Flaschen gezogen, und hatte nach 11 tägigem Stehen nur einen sehr geringen Bodensatz gebildet. In dieser Hinsicht war kein Unterschied zwischen dem mit Sacch. exiguus infizierten und dem nicht infizierten Biere vorhanden. Sämtliche Bierproben hatten guten Geruch und guten Geschmack; nach 14 Tagen waren noch keine Anzeichen von Krankheit zu erkennen.

Nach dreimonatlicher Lagerung betrug der Extraktgehalt in A 5,74; in B 6,39; in C 5,82; in D 6,39; in E 5,74 und in F 6,31 % Ball. Das Bier hatte in allen Fällen seine vollständige Klarheit, sowie seinen guten Geschmack und guten Geruch bewahrt. Nach 14 tägigem Stehen auf Flaschen unter den vorerwähnten Verhältnissen wurde kein Anzeichen der Hefentrübung oder sonst irgend eine Krankheit gefunden.

Bei den beschriebenen Versuchen wurde in einigen Fällen Sacch. exiguus zusammen mit der normalen Anstellhefe, zu Anfang der Hauptgärung, der Würze zugegeben, in anderen dagegen erst am Schlusse der Hauptgärung, beim Beginne der Lagerung. Aufser diesen unternahm ich auch einige Infektionsversuche mit der genannten Hefeart auf die Weise, dafs letztere erst am Schlusse der Lagerung dem Biere zugegeben wurde. Das Verfahren war das gleiche, wie bei den entsprechenden, im vorigen Kapitel beschriebenen Versuchen mit Sacch. Pastorianus III und Sacch. ellipsoïdeus II. Ich verwendete hiezu teils eine junge, kräftige Vegetation, die in Kolben mit Würze erzeugt war, teils Fafsgeläger, das am Schlusse der Lagerung dem in den beiden soeben beschriebenen Versuchsreihen dargestellten Biere entnommen war, und teils auch Hefenbodensatz, der sich in Flaschen mit gewöhnlichem Lagerbier gebildet hatte, welches mit Sacch. exiguus infiziert worden war und danach eine Zeit lang im Zimmer gestanden hatte; um die Vermehrung zu beschleunigen waren diese Flaschen häufig umgeschüttelt worden. Die so auf verschiedene Weise erzeugte Hefe wurde in dünnflüssigem Zustande verwendet; in einigen Versuchsreihen wurden 2, in anderen 3 Tropfen jeder der zur Prüfung angeordneten Flaschen mit Lagerbier zugegeben. Trotz der bedeutenden Infektion war doch eine Wirkung nicht wahrzunehmen; nach 14 tägigem Stehen zeigte nämlich noch keine der Flaschen ein Anzeichen von Hefentrübung.

Hauptresultat. — Aus den soeben beschriebenen Versuchen geht also hervor, dafs sogar eine starke Zugabe von Sacch. exiguus am Anfange der Hauptgärung, am Schlusse derselben oder am Schlusse der Lagerung keine Krankheitserscheinungen im Lagerbier hervorruft. Da die Versuche durchaus unter den im Betriebe obwaltenden Verhältnissen ausgeführt wurden, so können die Resultate auch mit voller Giltigkeit auf die Praxis übertragen werden.

Es ist nicht möglich, zu entscheiden, was es eigentlich für Hefenzellen gewesen sind, an welche man in der Periode, in welcher Sacch.

exiguus eine so grofse Rolle in der zymotechnischen Literatur spielte, gedacht hat. Seitdem man begonnen hat, die Frage betreffs durch Alkoholgärungspilze hervorgerufener Bierkrankheiten einer experimentellen Behandlung zu unterziehen, ist von dieser Hefenart nicht mehr die Rede gewesen. Die Möglichkeit ist allerdings nicht ausgeschlossen, dafs man dereinst eine Krankheitshefenart mit kleinen Zellen, welche man mit ein wenig gutem Willen zu der alten Reess'schen Art Sacch. exiguus wird rechnen können, entdecken wird; allein für den Augenblick ist dieses Schreckbild aus dem Gebiete der Zymotechnik verschwunden.

Aufser dem hier von mir besprochenen Sacch. exiguus gibt es, wie ich schon bei andern Gelegenheiten hervorgehoben habe, auch noch mehrere andere wilde Hefenarten, welche zwar eine üppige Vegetation in Bierwürze entwickeln können, aber doch keine Krankheit im Biere erregen. Das Gleiche gilt auch von mehreren Bakterien.

Meine oben beschriebenen Versuche wurden nur mit Rücksicht auf die dabei gestellten praktischen Fragen ausgeführt, und von dieser Seite gesehen, stellte sich also heraus, dafs eine Zugabe von Sacch. exiguus keinen Einflufs hatte. Wenn wir von theoretischen Gesichtspunkten aus dieses Konkurrenzverhältnis in seinen Einzelheiten verfolgen wollen, so werden wir gleichwohl finden, dafs die Wirkung von Sacch. exiguus nicht ganz spurlos gewesen ist. Bei mehreren der Versuche machte ich z. B. die Wahrnehmung, dafs eine stärkere Zugabe dieser Art eine Verlangsamung der Attenuation in den ersten Stadien der Gärung bewirke gegenüber dem Fortschreiten der Attenuation bei alleiniger Anwesenheit von Brauereihefenarten.

### Unangenehmer Geruch und Geschmack des Bieres durch Sacch. Pastorianus I hervorgerufen.

Das in dieser Überschrift angegebene Hauptresultat teilte ich im Jahre 1884 in wenigen Zeilen in der „Zeitschrift für das ges. Brauwesen" mit, indem ich versprach, später ausführlichere Rechenschaft meiner Untersuchungen abzulegen. Dieses wird nun im Nachfolgenden neben Anführung neuer Versuche geschehen.

In der erwähnten vorläufigen Mitteilung bemerkte ich, dafs das Bier auf Alt-Carlsberg im Jahre 1883 von einer Krankheit befallen war, welche darin bestand, dafs es einen unangenehmen, bitteren Geschmack und üblen Geruch annahm. Einige Bierkenner bezeichneten diesen Geschmack und Geruch zugleich als rauchartig; alle waren darüber einig, dafs das Bier Schaden gelitten hatte. Durch Zerlegen der Hefe in ihre Bestandteile gelang es mir, vier Saccharomycesarten daraus auszuscheiden. Bei den Versuchen, welche ich darauf mit denselben in mit Würze gefüllten Kolben unternahm, gab nur eine von ihnen Bier mit gutem Geschmack und gutem Geruch; es war dies die Art, welche ich mit dem

Namen Carlsberger Unterhefe Nr. 1 bezeichnet habe, und welche seit dieser Zeit in grofsem Mafsstabe in skandinavischen Brauereien zu Anwendung gelangt. Unter den anderen Hefen fand sich die Art, welche ich Sacch. Pastorianus I genannt habe. Nur wenn diese in der Anstellhefe vorhanden war, erschien die Krankheit. Wie überzeugend solche, im Laboratorium angestellte Versuche auch sein mögen, so kommt ihnen doch nicht die Beweiskraft zu, welche diejenigen besitzen, welche in der Brauerei selbst unter den daselbst herrschenden Verhältnissen ausgeführt werden; im Folgenden werden defshalb nur diese letzteren beschrieben.

I. Versuchsreihe. — Drei der vorerwähnten kleinen Gärbottiche, C, D, E, wurden im Gärkeller der Brauerei Alt-Carlsberg aufgestellt und mit je 1 Tonne (1¹/₂ hl) gewöhnlicher, gelüfteter Lagerbierwürze von 13,3% Ball. versehen. Die Temperatur der Würze bei der Zugabe der Hefe betrug 7,8° C., die des Kellers 5—6° C.

C wurde mit 500 g von Sacch. Pastorianus I beschickt;

D „ „ 400 „ „ Carlsberger Unterhefe Nr. 1 und
100 „ „ Sacch. Pastorianus I beschickt;

E „ „ 500 „ „ Carlsberger Unterhefe Nr. 1 beschickt.

Die Hefe war in allen Fällen dickflüfsig und in einer der vorerwähnten gleichen Würze, bei 8—10° C., erzeugt.

Nach 11 Tagen wurden in C 6,03; in D 5,54; in E 6,27% Ball. gefunden. Hierauf wurde das Bier aus jedem Bottich auf drei kleine Fässer gezogen und in den Lagerkeller gelegt, dessen Temperatur 2—3° C. betrug. C und D hatten unangenehmen Geruch und bitteren, unangenehmen Geschmack, E dagegen guten Geruch und Geschmack; der bittere Geschmack trat am stärksten in C hervor. Trotzdem eine starke Vergärung stattgefunden hatte, blieb die Klärung in C und D schlecht; in E dagegen war sie tadellos.

Nach ungefähr einmonatlicher Lagerung wurden aus der einen Reihe der Fässer Proben in gewöhnlicher Weise in weifsen Halbflaschen entnommen. C war vollständig trübe, D beinahe und E vollständig klar. Schon nach 5tägigem Stehen bei gewöhnlicher Zimmerwärme war D schwach hefentrüb, während E nach 12 Tagen noch keine diesbezüglichen Erscheinungen zeigte. Das Bier, an dessen Gärung Sacch. Pastorianus I teilgenommen hatte, zeigte den oben angegebenen unangenehmen Geschmack und Geruch in hohem Grade, während das entsprechende ausschliefslich mit Carlsberger Unterhefe Nr. 1 hergestellte Bier den gleichen guten Geschmack und Geruch wie das gewöhnliche Lagerbier von Alt-Carlsberg aufwies.

Nachdem das Bier ein wenig über zwei Monate im Lagerkeller verbracht hatte, waren D und E vollständig klar, C dagegen noch hefentrüb. In C wurden 5,54; in D 5,37; in E 5,29% Ball. gefunden. Hinsichtlich des Geschmackes und Geruchs war noch derselbe Unterschied vorhanden wie früher. Das aus D stammende Bier war nun auch haltbar geworden; ebenso wie das aus E genommene stand es 21 Tage auf Flaschen im Zimmer, ohne dafs Anzeichen der Hefentrübung bemerkt wurden.

6*

Nach 5 monatlicher Lagerung hatte das aus D stammende Bier noch immer in hohem Grade den unangenehmen, bitteren Geschmack. Das aus C stammende Bier war zu dieser Zeit noch nicht klar; die Klärung wurde erst erzielt, nachdem es sechs Monate im Lagerkeller verbracht hatte; der Geschmack war noch immer gleich ekelhaft wie früher.

Zu demselben Hauptresultat gelangt man, wenn man die Versuche mit einem Gemische von Sacch. Pastorianus I und einer anderen Brauereihefenart als Carlsberger Unterhefe Nr. 1 ausführt.

Die erwähnte Krankheit trat also stark hervor, wenn $\frac{1}{5}$ der Anstellhefe aus Sacch. Pastorianus I bestand. Bei einem Versuche, den ich mit Hilfe grofser Pasteur'scher Bottiche, die mit je $1\frac{1}{3}$ hl gelüfteter Würze derselben Beschaffenheit wie die vorerwähnte versehen waren, anstellte, zeigte es sich indefs, dafs die Krankheit auch dann eintrat, wenn nur $\frac{1}{11}$ der Stellhefe aus der genannten Krankheitshefenart besteht. Dieser Versuch wurde jedoch nicht ganz unter Brauereiverhältnissen angestellt, und ich werde defshalb nicht länger dabei verweilen, sondern zur Beschreibung der folgenden Versuche übergehen.

II. Versuchsreihe. — Diese wurde auf dieselbe Weise wie die erste und in dem nämlichen Gärkeller ausgeführt. Die Würze enthielt in diesem Falle 13,9% Ball.; ihre Temperatur bei der Hefenzugabe betrug 7° C.

A wurde mit 400 g Carlsberger Unterhefe Nr. 1 versetzt

E „ „ 380 „ „ „ „ „ „ „ und

18 „ Sacch. Pastorianus I versetzt

F „ „ 380 „ Carlsberger Unterhefe Nr. 1 und

18 „ von einer Varietät des Sacch. Pastorianus I[1]) versetzt.

In E und F betrug die Krankheitshefe also $\frac{1}{22}$ der ganzen Anstellhefe.

Nach 10 Tagen wurden in A 6,80; in E 7,37; in F 7,86% Ball. gefunden. Die Klärung in A war gut, in E und F nur ziemlich gut. Bezüglich des Geschmackes und Geruches war kein hervortretender Unterschied bei den Bieren in den drei Bottichen bemerkbar.

Nachdem das Bier ungefähr zwei Monate im Lagerkeller verbracht hatte, wurden in A 5,74; in E 6,15 und in F 6,23% Ball. gefunden; das Bier war in allen Fällen klar. A hatte den gewöhnlichen guten Geschmack und Geruch, E und F dagegen unangenehmen Geruch und bit-

---

[1]) Mit einer typischen Vegetation von Sacch. Pastorianus I als Ausgangspunkt habe ich durch eine bestimmte Züchtungsweise eine ganz neue Form dargestellt, die ich vorläufig als eine Varietät bezeichnet habe. Dieselbe zeichnet sich namentlich dadurch aus, dafs sie das Vermögen, Sporen und Haut zu bilden, vollständig verloren hat. Eine Übersicht der Resultate, welche meine Studien über die Umbildung der Hefenarten bis 1890 gebracht hatten, findet sich in dem Kapitel „Über die Variation" in meinen „Untersuchungen aus der Praxis der Gärungsindustrie", I. H. Zweite Ausg. Von den später erreichten Resultaten, welche ein praktisches Interesse haben, kann hier mitgeteilt werden, dafs die Knospenbildung der Varietäten eine ergiebigere ist als die der Stammformen.

teren unangenehmen Geschmack, jedoch nur in sehr geringem
Grade.

Diese Probe wurde gleich nach dem Abziehen vorgenommen, wie gewöhnlich
von mehreren Personen, und zwar von Bierkennern. Nachdem das Bier einige
Tage im Zimmer auf Flaschen gestanden hatte, wurde die Probe wiederholt;
der Unterschied schien jetzt noch weniger hervorzutreten. Es war überhaupt
nur durch einen Vergleich mit dem nicht infizierten Biere möglich, diejenigen
Flaschen ausfindig zu machen, welche Bier, das teilweise mit Sacch. Pastorianus I
und deren Varität vergoren war, enthielten. Nach 6 tägigem Stehen
wurde in den mit dem aus E und F entstammenden Biere beschickten Flaschen ein ziemlich starker Bodensatz von Hefe
gefunden; durch Schütteln wurde dieses Bier hefentrüb. Das
aus A stammende Bier war dagegen haltbar.

Neue Proben wurden nach 3 monatlicher Lagerung genommen; A enthielt
jetzt 5,74; E und F 5,9 % Ball. Das Bier war in allen Fällen klar. Betreffs
des Geschmackes und Geruchs wurden dieselben Beobachtungen
wie vorhin gemacht. Nach 14 tägigem Stehen auf Flaschen im Dunkeln
bei gewöhnlicher Zimmertemperatur wurde in A noch kein bemerkbarer Bodensatz und beim Schütteln kein Anzeichen einer Hefentrübung gefunden. In dem
aus E und F stammenden Biere hatte sich dagegen ein deutlicher Hefeboden-
satz entwickelt, welcher beim Schütteln eine schwache Hefentrübung der
Flüssigkeit verursachte.

Der unangenehme Geschmack und Geruch zeigte sich also auch in
diesem Falle, obwohl in sehr geringem Grade. Wir haben oben gesehen,
daß diese Krankheitserscheinungen sich dagegen, bei Vorhandensein
größerer Mengen von Sacch. Pastorianus I in der Stellhefe, in hohem
Grade zu erkennen geben. Daß dieses auch von der Varietät desselben
Saccharomyceten gilt, davon wurde ich durch direkte Versuche überzeugt.

Bei den beschriebenen Versuchen wurde die Krankheitshefe am Beginn der Hauptgärung der Würze zugegeben; die nachfolgenden Versuche
wurden dagegen vorgenommen, um zu erfahren, wie sich die Verhältnisse
gestalten, wenn die Infektion erst am Schlusse der Hauptgärung erfolgt.

III. Versuchsreihe. — Nach Schluß der Hauptgärung in der oben
beschriebenen I. Versuchsreihe und nach Abziehen des Bieres aus den Gärbottichen auf die kleinen Lagerfässer, wurden aus jedem der Bottiche C, D
und E 20 ccm der Bodensatzhefe entnommen und in je eine Achteltonne (ca. 17 l)
übergeführt, welche mit gärender Lagerbier-Würze in dem Stadium, wo dieselbe
nach beendeter Hauptgärung in den Lagerkeller gebracht wird, gefüllt war.
Diese kleinen Lagerfässer wurden übrigens auf die in den vorhergehenden
Kapiteln beschriebene Weise behandelt und nebst einem mit nicht infiziertem
Biere gefüllten Kontrollfasse in den ofterwähnten Lagerkeller, dessen Temperatur 3—6 ° C. betrug, gelegt. Wenn man sich erinnert, daß das Gewicht
dickflüssiger Hefe, wie sie wenigstens in den Kopenhagener Brauereien allgemein
als Anstellhefe verwendet wird, 4 g per 1 Würze beträgt, so wird es ersichtlich,

dafs die erwähnte Infektion eine sehr starke war. C enthielt, wie oben bemerkt, ausschliefslich Sacch. Pastorianus I, D eine Mischung dieser Krankheitshefenart und der Carlsberger Unterhefe Nr. 1, und E nur die letztgenannte Brauerei- hefenart; in allen Fällen hatten sie, wie angeführt, eine Hauptgärung im Gär- keller durchgemacht. Die Verhältnisse kamen also den in der Praxis be- stehenden gleich.

Nachdem dieses Bier 2¼ Monat im Lagerkeller zugebracht hatte, wurden von jedem Fasse eine gröfsere Anzahl Flaschen auf die oben beschriebene Weise abgezogen. Das Bier war in allen Fällen vollständig klar, ohne Bodensatz·

Die Bierkenner, welche die Geschmacksprobe vornahmen, waren durch- gehends geneigt, den Inhalt aller Fässer für tadellos zu erklären; nur in den aus C stammenden Flaschen, in denen die ganze Menge der Infektion aus Sacch. Pastorianus I bestand, fanden die meisten eine Spur des unangenehmen bitteren Geschmackes. Die Infektion hatte also in dieser Beziehung wenig oder gar keine Wirkung gehabt; dasselbe gilt von der Halt- barkeit des Bieres. Nach 21 stündigem Stehen der Flaschen bei gewöhn- licher Zimmertemperatur zeigte noch keine derselben Anzeichen von Hefentrübung.

IV. Versuchsreihe. — Das Verfahren war das gleiche wie bei der vorigen Versuchsreihe. Das Bier war von derselben Beschaffenheit und befand sich in demselben Stadium der Gärung, am Beginne der Lagerung. Hier wurde jedoch jede Achteltonne mit 10 ccm ziemlich dünnflüssiger Hefe aus einer durch 24 stündige Kultur in Würze erzeugten kräftigen Vegetation von Sacch. Pastorianus I versetzt. Die Temperatur des Lagerkellers betrug 2,5° C.

Nach ungefähr 3 monatlicher Lagerung war sowohl das infizierte wie das nicht infizierte Bier klar und ohne Bodensatz, nachdem es auf die Flaschen abgezogen war; Geschmack und Geruch war in beiden Fällen gut. Auch mit Bezug auf die Haltbarkeit liefs sich kein Unterschied erkennen; nach 14 tägigem Stehen unter den oben erwähnten Umständen war nämlich noch kein Anzeichen von Hefentrübung wahrzunehmen.

Als Beispiele der Versuche, welche zur Ermittelung der Wirkung einer erst am Schlusse der Lagerung stattfindenden Infektion vorgenom- men wurden, seien die folgenden mitgeteilt.

V. Versuchsreihe. — Es wurden neun mit Lagerbier gefüllte Flaschen infiziert, 3 mit je 1 Tropfen Hefe von Sacch. Pastorianus I, 2 mit je 3 Tropfen und 4 mit je 1 ccm derselben Hefeart. Die Hefe bestand aus einer jungen, kräftigen Vegetation einer Würzekultur und war sehr dünnflüssig. Drei nicht infizierte Flaschen dienten zur Kontrolle. Im übrigen war das Verfahren wie oben.

Die mit je 1 bezw. 3 Tropfen infizierten Flaschen zeigten nach 14 Tagen noch kein Anzeichen von Hefentrübung, das in ihnen enthaltene Bier hatte auch denselben guten Geschmack und Geruch wie am Beginn des Versuches; sie verhielten sich, kurz gesagt, wie die Kontrollflaschen.

Die 4 Flaschen, welche den aufserordentlich starken Zusatz von je 1 ccm empfangen hatten, waren schon nach 4 Tagen hefentrübe; das in ihnen enthaltene Bier hatte jedoch nur einen schwachen Anflug des bitteren Geschmacks angenommen.

**VI. Versuchsreihe.** — Nach Abziehen des Bieres in der II. Versuchsreihe aus den Fässern, in welchen es ungefähr 2 Monate im Lagerkeller zugebracht hatte, wurden drei Lagerbier enthaltende Flaschen mit je 1 Tropfen des ziemlich dünnflüssigen Faſsgelägers in E (Carlsberger Unterhefe Nr. 1 und Sacch. Pastorianus I) beschickt. In diesem Falle bestand die Hefe also aus einer Vegetation, welche sowohl die Haupt- als die Nachgärung unter Brauereiverhältnissen durchgemacht hatte. Zur Kontrolle wurden drei Flaschen mit nicht infiziertem Lagerbier hingestellt. **Nach 16 tägigem Stehen hatte die Infektion noch keine Wirkung gezeigt, weder in Bezug auf Geschmack und Geruch, noch auf Haltbarkeit des Bieres.**

**VII. Versuchsreihe.** — 16 Flaschen Lagerbier wurden infiziert; drei nicht infizierte dienten zur Kontrolle. Zur Infektion wurde der Bodensatz benutzt, welcher sich im Bier, das lange Zeit in Flaschen bei gewöhnlicher Zimmertemperatur gestanden war, gebildet hatte. Dieses Bier war in dem einen Falle mit einem Gemische von Carlsberger Unterhefe Nr. 1 und Sacch. Pastorianus I, im anderen mit der genannten Brauereihefenart nebst der vorgenannten Varietät von Sacch. Pastorianus I hergestellt. Diese Hefenformen hatten nicht nur die Hauptgärung im Gärkeller und die normale Nachgärung im Lagerkeller, sondern danach auch noch eine neue Nachgärung und neue Zellenvermehrung in dem abgezogenen Bier durchgemacht. Mit jeder der beiden Hefenmischungen wurden 8 Flaschen infiziert, 3 mit je 1, 3 andere mit je 2, 1 mit 4 und 1 andere mit 8 Tropfen der Hefe in ziemlich stark verdünntem Zustande.

**Die mit je 8 Tropfen beschickten Flaschen begannen nach 7 Tagen hefentrüb zu werden, die mit je 4 Tropfen beschickten zeigten diese Erscheinung nach 12 Tagen, während die mit nur 1 bezw. 2 Tropfen infizierten nach 14 Tagen in den meisten Fällen noch fehlerfrei waren,** höchstens zeigten sie eine schwache Andeutung einer beginnenden Hefentrübung; kurz, sie hatten im Wesentlichen dieselbe Haltbarkeit wie die Kontrollflaschen. **Hinsichtlich des Geruches und Geschmackes war kein Unterschied zwischen dem infizierten und dem nicht infizierten Biere zu erkennen.**

**Hauptresultat.** Der unangenehme Geruch und unliebsame bittere Geschmack, welchen die in diesem Abschnitte behandelte Krankheit untergärigem Lagerbiere mitteilt, gab sich nicht nur in dem fertig gelagerten Biere, sondern auch bereits in der gärenden Würze am Ende der Hauptgärung zu erkennen. Die Versuche zeigten, daſs diese Krankheit durch Sacch. Pastorianus I und die Varietät, welche ich von dieser Hefenart dargestellt habe, verursacht wird. Die Krankheit tritt eigentlich nur dann auf, wenn die Infektion am Beginn der Hauptgärung stattfindet. In der Anstellhefe und in der in den Gärbottichen befindlichen Würze muſs man die Keime suchen. Wenn $1/5$ der Stellhefe aus Sacch. Pastorianus I bestand, trat die Krankheit in ausgeprägtem Grade auf; bei Verminderung der Zugabe trat sie weniger hervor und konnte, wenn diese Hefenart bezw. deren Varietät $1/22$ der ganzen Anstellhefe betrug, nur noch eben verspürt werden. Unter den oben beschriebenen Umständen scheint die Grenze damit erreicht zu sein. Eine noch geringere Zugabe wird also kaum eine nachteilige Wirkung in der genannten Richtung haben. Bei einem mit stark infizierter Stellhefe angestellten Versuche zeigte es sich, daſs das Bier auch nach nicht weniger als fünfmonatlicher Lagerung den durch die Infektion verursachten unangenehmen Geschmack und Geruch noch fortwährend behielt.

Daſs auch das ausschliefslich mit einer Reinkultur dieser Art bezw. ihrer Varietät vergorene Bier den nämlichen unliebsamen Geschmack und Geruch annehmen muſste, war leicht vorauszusehen.

Wenn die Infektion erst in den Lagerfässern oder in den zu diesen führenden Leitungen erfolgt, so bleibt sie unter den gewöhnlichen Brauereiverhältnissen wirkungslos. Dieses zeigten die Versuche, welche teils mit jungen, kräftigen, in Würze nach eintägiger Kultur erzeugten Vegetationen, teils mit solchen Vegetationen, welche im Verein mit einer Brauereihefenart eine Hauptgärung in einem Gärbottiche in der Brauerei durchgemacht hatten, angestellt wurden. Nur bei einem Versuche, in dem eine überaus grofse Portion einer Reinkultur von Sacch. Pastorianus I dem Biere am Beginn der Lagerung zugegeben wurde, nahm das Bier einen schwachen Anflug des unangenehmen bitteren Geschmackes an.

Eine am Ende der Lagerung vorgenommene Infektion des Bieres hat in dieser Beziehung eine ebenso geringe Wirkung.

Jedoch nicht nur auf den Geschmack und Geruch, sondern auch auf die Haltbarkeit des Bieres kann Saccharomyces Pastorianus I in unheilbringender Weise einwirken. Bei den Versuchen, in denen die genannte Art in der Stellhefe zugegen war, bewirkte sie ferner eine Benachteiligung der Klärung am Ende der Hauptgärung. Schon wenn Sacch. Pastorianus I nur $1/22$ der Anstellhefe ausmachte, bewirkte er, daſs das damit hergestellte Bier nach normaler Lagerung eine bemerkbar geringere Haltbarkeit aufwies als das entsprechende, mit einer Reinkultur der Brauereihefe vergorene Bier.

Ebenso wie bei den oben beschriebenen Versuchen mit Sacch. ellipsoideus II und Sacch. Pastorianus III spielt die Vergärung und Lagerung des Bieres auch hier eine wichtige Rolle. Das stark vergorene Bier in der ersten Versuchsreihe war, nachdem es zwei Monate im Lagerkeller zugebracht hatte, vollständig haltbar, trotzdem $1/5$ der Anstellhefe desselben aus Sacch. Pastorianus I bestand. Wenn die Vergärung während der Hauptgärung stark ist, und das Bier darnach einer nicht zu kurzen Lagerung in einem guten Keller unterworfen wird, so wird es für gewöhnlich nach dem Abziehen nicht von Hefentrübung befallen werden. Bei reichlicherem Vorhandensein der hier besprochenen Krankheitshefenart werden, wie wir oben gesehen haben, diese Maſsregeln die Krankheits-

erreger jedoch nicht daran verhindern können, das Bier in einer anderen
Weise anzugreifen, es tritt nämlich Verschlechterung des Geschmacks
und Geruches ein.

Bezüglich der Wirkung, welche diese Hefenart aufweist, wurden
übrigens ähnliche Schwankungen wahrgenommen, wie die im Kapitel von
Sacch. Pastorianus III und Sacch. ellipsoideus II in Kürze erwähnten.

In den Fällen, in welchen die Infektion erst nach vollendeter Hauptgärung im Gärkeller, also während der Lagerung oder nach Abschluß
derselben, erfolgt, hat sie in Bezug auf die Haltbarkeit des Bieres keinen
Einfluß, wenn nicht verhältnismäßig große Mengen der Krankheitshefe
zugegeben werden.

Wenn auch in den Lagerfäßsern, in den zu diesen führenden Leitungen oder in den Flaschen und kleinen Fässern, in denen das Bier
zum Ausstoß gelangt, eine geringe Menge der Krankheitshefe zugegen
ist, so hat dieses keine Bedeutung, weder in der einen noch in der andern
Beziehung; nur am Beginn der Hauptgärung droht die Gefahr. Dieses
Ergebnis stimmt also mit den Hauptresultaten, welche meine oben mitgeteilten Untersuchungen über Sacch. ellipsoideus II und Sacch. Pastorianus III ergeben haben, überein.

---

Die Mitteilungen, welche ich in den Jahren 1883 und 1884 über die
Krankheitshefenarten herausgab, brachten diese Frage von neuem auf die
Tagesordnung, und zwar in einer anderen Weise als früher. Es wurden
nun in den meisten zymotechnischen Laboratorien ähnliche Versuche vorgenommen, wie die in meinen soeben genannten Mitteilungen beschriebenen. Es begann auf diesem Gebiete die Zeit der Experimente.

Bei meinen ersten Studien beschränkte ich mich darauf, die Wirkung
einer im Beginn der Hauptgärung stattfindenden Infektion zu untersuchen, während ich die übrigen Stadien der Gärung vorläufig außer
Betracht ließ. Das gleiche Verfahren haben die Autoren befolgt, welche
sich später mit Studien über das Verhältnis der Alkoholgärungspilze zu
den Krankheiten des Bieres beschäftigt haben. Eine Übersicht der Resultate, welche diese Arbeiten gebracht haben, wird hier von Interesse
sein und soll daher im folgenden mitgeteilt werden.

Im Jahre 1887 veröffentlichte Grönlund eine ausführliche Unter-
suchung über ähnliche Krankheitserscheinungen wie die eben erwähnten
(Zeitschr. für das ges. Brauwesen). Er teilte mit, daß in einer dänischen
Untergärungs-Brauerei das sonst haltbare und wohlschmeckende Bier
in dieser letzteren Beziehung Schaden gelitten habe. Das Bier sei jetzt
nicht nur bitter geworden, sondern hinterlasse ausserdem nach dem
Trinken einen höchst unangenehmen, beißenden und adstringierenden
Geschmack. In diesem kranken Biere fand er eine Hefenart, welche

alle von mir für meinen Sacch. Pastorianus I aufgestellten Charaktere besaſs, wesshalb er dieselbe als eben diese Art bestimmte. Durch direkte Versuche wies er ferner nach, daſs sie die Krankheitserregerin war.

Die später von Kokosinski in Lille und von Lasche in Chicago angestellten Untersuchungen bestätigen ebenfalls die Richtigkeit meiner Versuche.

Hierdurch wird uns nicht nur gelehrt, daſs Sacch. Pastorianus I in den Brauereien sehr verbreitet ist, sondern auch, daſs diese Art unter so verschiedenen Verhältnissen, wie die in den Brauereien der genannten Länder obwaltenden, dennoch die gedachte, allgemein gefürchtete Krankheit hervorruft.

In den „Berichten der wissenschaftlichen Station für Brauerei in München, pro 1885—88" und in der „Zeitschrift für das ges. Brauwesen" 1891 teilt Will eine Reihe eingehender Untersuchungen mit, welche er mit zwei neuen Saccharomyces-Arten angestellt hat. Eine von diesen bewirkte, daſs untergäriges Bier einen eigentümlichen, süſslichen Geschmack mit einem kratzenden, bitteren Nachgeschmack annahm, und daſs die Klärung während der Nachgärung langsamer vor sich ging, als wenn das Bier von diesen Zellen frei war. Die Wirkung der anderen Art war der Hauptsache nach die gleiche. Beide gehören zu den für die Fabrikation untergäriger Biere gefährlichen Arten.

Auch von der Brauereistation in New-York liegen in der jüngsten Zeit Mitteilungen von Krieger vor, betreffend wilde Hefenarten, welche eine Verringerung der Haltbarkeit und zugleich einen üblen Geschmack des Bieres bewirken.

In der „Wochenschrift für Brauerei" 1889 beschreibt Windisch einige mit verschiedenen Brauereihefearten und mit einer nicht näher beschriebenen Art der Gruppe Sacch. Pastorianus ausgeführte Gärversuche. Sie wurden in mit sterilisierter Bierwürze gefüllten Kolben ausgeführt. Das mit der letztgenannten wilden Hefenart dargestellte Bier wurde nicht blank und hatte einen unangenehmen, bitteren Geschmack mit kratzendem Nachgeschmack.

Im Jahrgang 1891 der nämlichen Zeitschrift teilt P. Lindner mit, daſs er eine einer Brauerei-Unterhefe in hohem Grade gleichkommende Hefenart beobachtet habe. Nach dem Aussehen der Gärung, nach der Klärung und der Beschaffenheit der Bodensatzhefe würde der praktische Brauer sie als eine vorzügliche Unterhefe auffassen, allein dessenungeachtet bringe sie ein Bier mit abscheulichem, bitterem und kratzendem Geschmacke hervor. Diese gefährliche Hefenart hatte sich in eine der Brauereien Berlins eingeschlichen und sich hier allgemach derart in der Anstellhefe ausgebreitet, daſs das Bier bald den genannten garstigen Geschmack anzunehmen begann. Es ist dieses nicht nur ein neues Beispiel von der Mannigfaltigkeit und Gefährlichkeit der

Krankheitshefenarten, sondern auch von der Geringfügig-
keit und Unsicherheit der Kennzeichen, nach welchen die
Brauer früher ausschliefslich und leider noch immer in
allzu grofsem Mafsstabe den Gang und Zustand der Gärung
beurteilen.

Auch Lasche hat neue Krankheitshefenarten beobachtet. Eine Beschreibung derselben ist in der Zeitschrift der Chicago-Station zu erwarten.

Die vorhergehenden Untersuchungen beziehen sich sämtlich auf das
untergärige Bier. Wenn man aber die englische Brauereiliteratur der
letzten Jahre durchgeht, so findet man daselbst mehrere Beobachtungen,
welche darauf hinweisen, dafs die wilden Hefenarten ebenso grofse
Störungen in den Obergärungs- wie in den Untergärungs-
Brauereien hervorrufen können. Von De Bavay in Melbourne
liegt eine experimentelle Untersuchung vor, welche zeigt, dafs diejenige
Bierkrankheit, welche in Australien „summer-cloud" genannt wird, durch
einen Saccharomyces verursacht wird (The Brewers' Journal, London 1889,
p. 490). Das von dieser wilden Hefenart angegriffene obergärige Bier
wird unklar und nimmt einen säuerlichen, bitteren Geschmack an. Diese
Krankheit wird als eine der gröfsten Fatalitäten in den Brauereien jenes
Weltteils erwähnt.

### Woher kommen die Krankheitshefen?

Bei Untersuchungen, wie die vorliegenden, wird uns nicht nur die
Aufgabe gestellt, die Ursachen der Krankheiten zu erforschen, sondern
wir stellen gleich darauf neue Fragen: Woran können wir die Krankheitskeime erkennen? Wo haben sie ihre Herde? und wie schleichen sie
sich in den Betrieb?

Über die Charaktere, durch welche die Krankheitshefenarten von
den guten Brauereihefenarten unterschieden werden können, habe ich in
meinen obengenannnten theoretischen Untersuchungen Aufschlüsse gegeben.
Die wichtige Frage nach den Herden können wir leider noch nicht vollständig beantworten. Ich teile hier in der Kürze Alles mit, was wir für
den Augenblick davon wissen.

Im Jahre 1881 veröffentlichte ich in der Zeitschrift des Carlsberger
Laboratoriums eine Abhandlung über Saccharomyces apiculatus und dessen
Kreislauf in der Natur. Meine Untersuchungen zeigten nicht nur, dafs
dieser Pilz auf reifen, süssen, saftigen Früchten sich findet, sondern gaben
auch noch die wichtigere Aufklärung, dafs diese Früchte seinen normalen
Entwickelungsherd bilden. Je nach der Zunahme der Früchte genannter
Art im Garten werden zahlreiche Generationen der Zellen dieses Pilzes
erzeugt, und nun wird auch der Staub der Luft immer reicher an denselben. Sacch. apiculatus wird regelmäfsig zuerst auf den am frühesten

reifen. süfsen, saftigen Früchten, nachher auf den später reifenden beobachtet. Im Carlsberger Garten beginnt er so die Saison mit den Erd-
beeren, Stachelbeeren und Kirschen und schliefst dieselbe mit den Pflaumen
und Weintrauben. Mit dem Regen und mit herabfallenden Früchten wird er
in die Erde gebracht. An trockenen Tagen wird er mit dem Staub der
Erde wieder in die Luft geführt, und die Zellen, welche jetzt auf den
genannten Früchten sich ablagern und hier zu deren Saft Zutritt gewinnen, können nun durch Sprofsbildung neue Generationen entwickeln.
Dieses alles kann sich im Laufe des Sommers mehrmals wiederholen, so
dafs Sacch. apiculatus bald von den Früchten in die Erde und bald wieder
von hier zu den Brutstätten zurückwandert. Er überwintert in der Erde,
um nächsten Sommer denselben Kreislauf von neuem zu beginnen. Von
selbst kann er seinen Winteraufenthaltsort nicht verlassen, sondern ist
dazu der Hilfe bedürftig; in trockenen Perioden wird er vom Winde mit
dem Staub der Erde in die Höhe gewirbelt; von dem Regen kann er auf
niedrige Pflanzen, z. B. Erdbeerpflanzen, gepeitscht werden; auch Insekten
und andere Tierchen können hierbei eine Rolle spielen. Kommt er nun
an einen Ort, wo er Nahrung findet, so beginnt er die Sprofsbildung;
sonst wird er bald vertrocknen und zu Grunde gehen.

In einer kleinen Abhandlung, welche ich 1882 in der dänischen
Zeitschrift „Tidsskrift for populäre Fremstillinger af Naturvidenskaben"
veröffentlichte, teilte ich die Resultate der Untersuchungen mit, welche
ich in der Zwischenzeit über den Anteil, welchen die Bienen, Wespen
und Fliegen an der Verbreitung des kleinen Hefenpilzes nehmen, ange-
gestellt hatte. Ich hob hervor, dafs Sacch. apiculatus in der Fruchtzeit, vornehmlich durch Hilfe dieser Insekten, in lebendigem Zustande
nach von den ursprünglichen Brutstätten weit entfernt gelegenen Punkten
geführt wird. Wenn die genannten Insekten mit den Säften, in denen
Sacch. apiculatus sich entwickelt hat, in Berührung kommen, werden oft
grofse Mengen von Hefe an der Haarbekleidung der Tierchen kleben
bleiben und hier langsam eintrocknen. Die Zellen können, wie meine
Versuche es bewiesen haben, auf diese Weise ihr Leben längere Zeit be-
wahren, als wenn sie im Staube der Luft vereinzelt umher zerstreut
werden. Im letzten Falle wird nämlich das Vertrocknen als Regel eine
stärkere Wirkung ausüben.

Dies waren die Resultate meiner obenerwähnten Studien. Die
süfsen, saftigen Früchte des Gartens stellten sich als die
normalen Entwickelungsherde des kleinen Hefenpilzes
heraus, die Erde als sein normaler Winteraufenthaltsort[1]).

---

[1]) Neue Untersuchungen über Sacch. apiculatus habe ich in „Botanisches Central-
blatt" Bd. 21, Nr. 6, 1885, in „Annales des sciences naturelles. Botanique", T. 11, Nr. 3,
1890, und in „Annales de micrographie", 1890 veröffentlicht.

Meine Versuche haben also dargethan, daſs Insekten und andere kleine Tiere zwar bei der Verbreitung der Zellen dieser Hefenart thätig sind, daſs aber auch der Wind in dieser Beziehung eine hochwichtige Rolle spielt. Dieses letztere Transportmittel beansprucht besonders die Aufmerksamkeit der Brauereien, wenn von Mikroorganismen die Rede ist.

Sacch. apiculatus ist bis jetzt die einzige Hefenart, deren Kreislauf in der Natur bekannt ist. Meine Versuche, auch mit Rücksicht auf die eigentlichen Saccharomyceten (Hefenzellen mit Endosporenbildung, welche, wie man sich erinnern wird, dem Sacch. apiculatus abgeht) diese Frage ins Klare zu bringen, haben bisher noch nicht zum Ziele geführt. Unser Wissen über die für die Gärungsindustrie wichtigsten Arten ist in dieser Hinsicht noch immer mangelhaft.

Die Forscher, welche zuerst die Hefenzellen zu studieren begannen, beobachteten bereits, daſs dieselben auf den süſsen, saftigen Früchten, besonders auf beschädigten, sich vorfinden, und daſs sie sich hierselbst vermehren. Meine zahlreichen Untersuchungen haben ebenfalls die Allgemeinheit dieses Vorkommens bestätigt; insbesondere die herabfallenden Früchte bilden üppige Entwickelungsherde.

Bezüglich der Weinhefenpilze geht die Ansicht Pasteur's dahin, daſs dieselben nicht in der Erde überwintern. Im Gegensatze zu dieser Meinung stehen meine Untersuchungen. Ich habe nämlich diese Pilzarten an mehreren Orten Deutschlands in lebendigem Zustande in der Erde unter den Weinreben gefunden, sowohl in den Frühlings-, als in den Sommermonaten, also zu einer Zeit, wo es noch keine reifen Trauben gab.

Es ist sehr wahrscheinlich, daſs die von mir beobachteten Hefenzellen im vorhergehenden Herbste, als die Trauben reif waren, und die beschädigten Beeren endlose Generationen solcher Hefenzellen erzeugten, in die Erde geführt worden sind. Sicherheit dafür, daſs es sich so verhält, können diese Untersuchungen jedoch natürlich nicht geben. Durch direkte Versuche habe ich indes nachgewiesen, daſs Zellen von verschiedenen Saccharomyces-Arten, die ich im Monat September in die Erde legte, nach Ablauf eines Jahres, also von einer Fruchtzeit zu der anderen, noch lebend waren. Die ersten von mir in dieser Richtung angestellten Versuche sind in der Zeitschrift des Carlsberger Laboratoriums 1882 (französ. Résumée p. 203) beschrieben; meine späteren Versuche finden sich in den obenerwähnten neuen Abhandlungen; unter den Saccharomyces-Arten war auch ein typischer Weinhefenpilz, den ich 1883 unter dem Namen Sacch. ellipsoideus I beschrieben habe, sowie die vorerwähnte Krankheitshefenart Sacch. Pastorianus I.

Es steht also fest, daſs wenigstens einige der echten Saccharomyces-Arten in der Erde überwintern können[1]), und ferner, daſs
die süſsen saftigen Früchte denselben einen günstigen Nährboden darbieten. Ob während des Winters und Frühjahrs die Erde
und im Sommer und Herbste die genannten Früchte ihren normalen
Aufenthaltsort bilden, wissen wir jedoch noch nicht. Die bis jetzt vorliegenden Beobachtungen berechtigen uns nämlich nicht ohne weiteres,
einen solchen Schluſs zu ziehen. Hierzu sind ähnliche experimentelle
Beweise erforderlich, wie die von meinen Untersuchungen über den Kreislauf des Sacch. apiculatus erbrachten; diese Beweise beizubringen ist mir,
wie gesagt, aber noch nicht gelungen. Nach den bisher ausgeführten
Untersuchungen müssen wir noch immer die Möglichkeit einräumen, daſs
die echten Saccharomyceten in der Natur andere Brutstätten und andere
Überwinterungorte als die genannten haben können, welche vielleicht
gröſsere Bedeutung als diese besitzen. Es begegnet uns hier wieder
die alte Frage, ob die Saccharomyceten selbständige Organismen seien
oder nur Entwickelungsformen höherer Pilze. Sofern letzteres sich
als das wahre Sachverhältnis erweisen sollte, müſsten wir natürlich auch
diese Stammformen berücksichtigen, ja es wäre sogar möglich, daſs gerade
sie den allergröſsten Wert für das Verständnis des Problems hätten. Diese
rein theoretischen Untersuchungen bekommen also, von dieser Seite aus
gesehen, auch ein praktisches Interesse. Trotzdem von mehreren der
berühmtesten Forscher die energischsten Bemühungen zur Auffindung dieser
vermeintlichen Stammformen gemacht wurden, so ist doch bisher noch
keine Spur von solchen entdeckt worden. In der jüngsten Zeit hat bekanntlich namentlich Brefeld die Aufmerksamkeit wieder auf diese Frage
gelenkt. Der gegenwärtige Stand der Sache ist der, daſs wir
noch immer mit den Saccharomyceten als selbständigen Organismen rechnen müssen.

Aus den vorhergehenden Untersuchungen erhellt, daſs
der Staub der Luft zu allen Zeiten des Jahres Zellen echter
Saccharomyceten, darunter auch von Krankheitshefenarten, enthalten kann. Die Erde der Obstgärten bietet in dieser
Hinsicht die gröſste Gefahr. Die Zucht neuer Zellengenerationen in der
freien Natur geschieht also, wie wir gesehen haben, zu der Zeit, wo die
süſsen saftigen Früchte des Gartens reif sind; dieses trifft in Dänemark,
namentlich im August und September ein. Der Staub wird daher in

---

[1]) In einer Mitteilung über die Überwinterung der Weinhefenpilze (1890) schlieſst
Müller-Thurgau sich der von mir dargelegten Ansicht an. In einem Punkte hat
er indes, wie das Vorhergehende zeigt, meine Abhandlungen miſsverstanden, indem er
nämlich voraussetzt, daſs es meine Meinung sei, daſs die Verbreitung der Hefenzellen
nur durch Hilfe des Windes geschehe.

diesen Monaten nicht nur an diesen Zellen am reichsten sein, sondern auch verhältnismäfsig weniger abgeschwächte Individuen enthalten als zu den anderen Zeiten des Jahres. Die Staubwolken, welche in diesen Monaten von der Erde der Obstgärten in die Höhe aufgewirbelt werden, enthalten oft eine reiche Ernte junger, kräftiger Zellen.

Meine obenerwähnten Analysen der Mikroorganismen der Luft zeigten, dafs die Saccharomyceten im Jahre 1879 im Zeitraume von Juni bis August allmählich mehr und mehr allgemein wurden, so dafs die durch dieselben bewirkte Infektion in dem letztgenannten Monat ihr Maximum erreichte. Danach trat wieder eine Abnahme ein. In den Jahren 1878 und 1880 war diese Infektion im August und September am reichlichsten, und zwar so, dafs das Maximum in den Anfang des letzteren Monats fiel. In den anderen Zeiten des Jahres waren sie sehr selten. August und September sind, was die Infektion mit wilden Hefenzellen anbetrifft, die zwei gefährlichsten Monate für die Brauereien.

Die offenen Kühlschiffe bilden den Weg, auf welchem diese Unheilstifter gewöhnlich in den Betrieb gelangen; zuweilen können sie jedoch auch direkt in den Gärkeller eindringen. Seltener werden sie zum Biere in den Lagerfässern Zutritt gewinnen können; aber selbst wenn dies geschieht, wird es, wie wir oben gesehen haben, unter normalen Verhältnissen keine Bedeutung erlangen können; dieses gilt wenigstens von den von mir untersuchten Arten.

Solange die Würze auf den Kühlschiffen ihre höchste Temperatur hat, werden die Hefenzellen entweder getötet oder jedenfalls an ihrer weiteren Entwickelung verhindert werden. Erst beim Sinken des Wärmegrades können sie ihre Sprofsbildung beginnen. Indem die gelüftete und abgekühlte Würze aus den Kühlschiffen in die Gärbottiche geführt wird, werden lebendige Hefenzellen sich in den Leitungen festsetzen und in der dünnen Flüssigkeitslage, welche übrig bleibt, sich vermehren können. Auf diese Weise können sich ganze Herde der Ansteckung bilden. Die nächste Portion Würze wird nun stärker infiziert werden als die vorhergehende. Man wird hieraus ersehen, wie wichtig eine häufige und gründliche Reinigung der Leitungen und ihrer Verbindungen ist; dafs das gleiche auch von den Kühlschiffen und von den Trubsäcken gilt, ist selbstverständlich. Über die Gefahren, welche diese letzteren mit sich führen können, hat Will in der „Zeitschr. f. d. ges. Brauwesen" 1892 wertvolle Aufklärungen gegeben. Von besonderer Wichtigkeit ist es, dafs die Anstellhefe so schnell als nur möglich der Würze in den Gärbottichen zugegeben wird, damit sie sogleich ihren Kampf mit den ungeladenen, gefahrbringenden Gästen beginnen kann.

Es ist jedoch nicht allein der Staub aus den Obstgärten, welcher die Krankheitshefenarten in die Brauereien bringen kann; eine weitere

Quelle der Ansteckung bildet das Faſsgeläger in den Lagerfässern. Dieses wird, selbst in den Brauereien, deren Betrieb in guter
Ordnung ist, fast immer gröſsere oder geringere Portionen wilder Hefe
enthalten; wenn die Brauerei von Krankheitshefen heimgesucht gewesen
ist, so ist ein solches Faſsgeläger besonders gefährlich. Früher wurde
diese Angelegenheit in den Brauereien im allgemeinen sehr vernachlässigt.
Das Faſsgeläger wurde im Hofe verschüttet; ein Teil davon wurde sodann
mit dem Fuſszeug der Arbeiter gerade in den Gärkeller gebracht; ein
groſser Teil trocknete zu Staub ein und wurde in diesem Zustande vom
Winde auf die Kühlschiffe und in den Gärkeller geführt. Ich habe vor
einigen Jahren die Brauer auf diese Gefahr dringend aufmerksam gemacht.
Es wird wohl auch jetzt gröſsere Vorsicht als zuvor in diesem Punkte
gebraucht; doch ist es nicht überflüssig, aufs Neue daran zu erinnern.

Am häufigsten jedoch erschlieſst eine Brauerei der
Krankheitshefe ihren Betrieb durch das Beziehen ihrer
Stellhefe von einem anderen Geschäft; hiermit ist immer gröſsere
oder geringere Gefahr verknüpft. Die bedeutenderen Brauereien haben
deshalb auch jetzt das Reinzuchtsystem in ihren Betrieb aufgenommen.

### Mischungen von Brauereihefearten.

Die beiden Unterhefenarten, welche ich in den Jahren 1883 und
1884 in dem Betriebe der Brauerei Alt-Carlsberg einführte, geben
beide ein gutes und feines Produkt, sind aber doch, wie in meinen „Beobachtungen über Brauereihefenarten" hervorgehoben, unter sich sehr
verschieden. Betrachten wir die Sache von einem rein praktischen Standpunkte aus, so finden wir vor allem, daſs das mit Carlsberger Unterhefe
Nr. 2 hergestellte Bier vollmundiger und kohlensäurereicher ist als das
mit Carlsberger Unterhefe Nr. 1 fabrizierte; andererseits ist dieses letztere
Bier viel haltbarer. Unter diesen Umständen kam ich natürlich auf den
Gedanken, Versuche mit Mischungen der beiden Arten anzustellen.

Der Direktor der Brauerei, Herr Kapitän Kühle, gab gütigst seine
Einwilligung dazu, daſs diese Versuche im Betriebe selbst, also mit den
gewöhnlichen groſsen Massen, ausgeführt würden. In einigen Fällen
mischten wir die den beiden Hefearten entstammenden Biere erst am
Ende der Hauptgärung, so daſs die Lagerfässer beide Biersorten enthielten;
in anderen Fällen verwendeten wir eine aus beiden Arten zusammen-
gesetzte Anstellhefe. Da es sich schon damals gezeigt hatte, daſs Carlsberger Unterhefe Nr. 1 diejenige der beiden Arten war, welche trotz
ihrer Mängel für den Betrieb der Brauerei Alt-Carlsberg am besten
paſste, so wurden alle Versuche derart angestellt, daſs diese Hefeart
in der genannten Anstellhefe im Übergewicht vorhanden war, und daſs

das von ihr stammende Bier ebenfalls den überwiegenden Teil der Mischung der beiden Biere ausmachte.

Die Einzelheiten dieser Versuche aufzuzeichnen, habe ich versäumt; als Hauptresultat ergab sich ein negativer Erfolg; dieses Mischungsbier, wie wir es nennen mögen, erreichte nicht die gewünschte Vollmundigkeit und war in allen Fällen weit weniger haltbar als das ausschliefslich mit Carlsberger Unterhefe Nr. 1 hergestellte. Unter Haltbarkeit wird hier ebenso wie in den vorhergehenden Kapiteln das Verhältnis des fertig gelagerten Bieres zur Bildung von Hefenbodensatz verstanden, an Bakterienkrankheiten wird gar nicht gedacht. Die Versuche wurden ja auch immer mit Reinkulturen bekannter Hefenarten ausgeführt. — Haltbares Lagerbier nenne ich solches, welches, auf wohlgepfropfte Flaschen abgezogen, 2—3 Wochen bei gewöhnlicher Zimmertemperatur stehen kann, ohne einen bedeutenden Hefenbodensatz zu bilden und ohne sich zu trüben, wenn es nach Ablauf der genannten Zeit gut umgeschüttelt wird.

Da die erwähnten Versuche mit den Mischungen zu keinem Resultate führten, wurden sie aufgegeben, und die Brauerei basierte den weitaus gröfsten Teil ihres Betriebes auf die Hefe Nr. 1; vor einigen Jahren wurde Hefe Nr. 2 vollständig ausgeschossen, und die Gärung auf Alt-Carlsberg wird jetzt ausschliefslich von der ersteren Art ausgeführt.

Für mich war jedoch die Frage betreffs Hefenmischungen hiermit keineswegs zum definitiven Abschlufs gebracht. Meine zahlreichen Experimente mit Krankheitshefearten mufsten mich unwillkürlich auf neue Untersuchungen nach dieser Richtung hin führen, obschon von anderen Gesichtspunkten aus als früher. Bei dieser Gelegenheit will ich die Untersuchungen mitteilen, welche zur Beantwortung der Frage, wie Mischungen von Brauereihefearten sich mit Rücksicht auf die Haltbarkeit des Bieres verhalten, ausgeführt wurden.

I. Versuchsreihe. — Vier zweihalsige Literkolben, A, B, C, D, welche je 660 ccm derselben sterilisierten und gelüfteten gewöhnlichen Lagerbierwürze enthielten, wurden mit jungen, kräftigen Vegetationen der unten angegebenen Hefenarten infiziert. A wurde mit 1 ccm von Carlsberger Unterhefe Nr. 1, B mit 1 ccm der oben erwähnten Unterhefe aus der Brauerei Tuborg, C mit 1 ccm der letztgenannten Unterhefe und ¼ ccm von Carlsberger Unterhefe Nr. 1, D mit 1 ccm von Carlsberger Unterhefe Nr. 1 und ¼ ccm von Tuborger Unterhefe beschickt. Die Hefe war in allen Fällen dickflüssig. Die Hauptgärung fand bei gewöhnlicher Zimmertemperatur statt. Nach Vollendung derselben zeigten die beiden Brauereihefenarten in A und B gute Klärung, während letztere in den mit der Hefenmischung beschickten Kolben, C und D, eine weniger gute war. Das Bier wurde jetzt in andere Kolben übergeführt und zur Lagerung bei 7° C stehen gelassen.

Hansen, Untersuchungen.                                                                    7

Nachdem es ungefähr 1½ Monate bei dieser Temperatur zugebracht hatte, waren A und B vollständig blank, C und D dagegen opalisierend. Das Bier wurde, ähnlich wie oben beschrieben, auf kleine Flaschen abgezogen.

Nach 12 tägigem Stehenlassen des so abgezogenen Bieres bei gewöhnlicher Zimmertemperatur waren A und B blank ohne Hefentrübung; C und D waren dagegen noch ein wenig opalisierend und zeigten beide eine beginnende Hefentrübung, die namentlich in D deutlich bemerkbar war.

Nach 2 monatlicher Lagerung waren C und D weniger opalisierend, verhielten sich aber übrigens im wesentlichen noch unverändert.

**Während die beiden Brauereihefenarten in Reinkultur jede für sich tadellose Klärung gaben, sowohl während der Hauptgärung als während der Nachgärung, und auch haltbares Bier lieferten, war dieses also mit den Mischungen derselben nicht der Fall.**

Eine noch stärkere Wirkung in derselben Richtung wurde hervorgebracht, wenn die Gärung von einer Mischung der Carlsberger Unterhefe Nr. 1 und der Oberhefenart, welche ich Sacch. cerevisiæ I genannt habe, ausgeführt wurde.

Nachdem die im Laboratorium vorgenommenen Versuche also die bemerkenswerte Aufklärung ergeben hatten, daſs eine gute Brauereihefenart unter gewissen Umständen als Krankheitshefe auftreten kann, war es meine Aufgabe, zu untersuchen, ob dieses auch unter Brauereiverhältnissen stattfände. Zu diesem Zwecke stellte ich die beiden folgenden Versuchsreihen an, bei denen das Verfahren dem bei den oben beschriebenen Versuchen angewendeten genau entsprach. Die Versuchsanordnung ist überhaupt in allen Abschnitten der vorliegenden Abhandlung wesentlich die gleiche geblieben; die ausführlichste Beschreibung derselben findet sich in dem Abschnitte über Sacch. ellipsoideus II und Sacch. Pastorianus III.

II. Versuchsreihe. — Im Gärkeller der Brauerei Alt-Carlsberg wurden zwei der oben erwähnten hölzernen Bottiche B und D aufgestellt und mit je 1 Tonne (1⅓ hl) Lagerbierwürze von 14,4% Ball. gefüllt. Die Temperatur der Würze bei der Hefenzugabe betrug 7° C.

B wurde mit 400 g Carlsberger Unterhefe Nr. 2 beschickt,
D „ „ 360 „ „ „ „ „ und
40 „ Carlsberger Unterhefe Nr. 1 beschickt.

Die Hefe war ziemlich dickflüssig und bestand aus jungen, kräftigen, in Würze bei ca 10° C. erzeugten Vegetationen.

Nach 9 Tagen betrug der Extraktgehalt in B 7,96 und in D 8,04% Ball. B zeigte eine gute, D ziemlich gute Klärung. Das aus jedem Bottiche stammende Bier wurde jetzt in zwei Fässer geschlaucht, welche sodann in den Lagerkeller gelegt wurden, dessen Temperatur ca. 2° C. betrug.

Nach 1¼ monatlicher Lagerung wurde, auf die im Vorhergehenden erwähnte Weise, aus der einen Reihe der Fässer in eine gröſsere Anzahl Flaschen Bier

abgezogen, welche sodann in einem dunklen Schrank bei gewöhnlicher Zimmertemperatur stehen gelassen wurden. In B wurde der Extraktgehalt zu 7,23,
in D zu 6,90 % Ball. gefunden. Das Bier war in beiden Fällen vollständig klar.
Nach 11 Tagen war noch kein Bodensatz darin zu bemerken. Nach 15 Tagen
war B noch immer frei von Hefentrübung, während D dagegen den Beginn einer
solchen zeigte.

Nach dreimonatlicher Lagerung wurden in gleicher Weise wie oben beschrieben
Proben aus der zweiten Reihe von Fässern genommen. In B wurden 6,49, in
D 6,41 % Ball. gefunden. Das Bier war vollständig klar. Nach zehntägigem
Stehen war noch kein Bodensatz darin zu bemerken. Fünf Tage später wurde in
B ein sehr geringer Bodensatz wahrgenommen, der aber beim Schütteln keine
Hefentrübung in der Flüssigkeit bewirkte; in D war dieser Bodensatz ein
wenig mehr entwickelt, und beim Schütteln wurde die Flüssigkeit verschleiert.
Die nach 1¼ monatlicher Lagerung hervortretende Verschieden-
heit in der Haltbarkeit war also nach dreimonatlicher Lagerung
fast ganz verschwunden.

III. Versuchsreihe. — Die Würze enthielt in dieser Reihe 14 % Ball.
und die Gärung fand in vier Bottichen statt.

C wurde mit 400 g Carlsberger Unterhefe Nr. 1 beschickt,
D    „    „   380 „        „         „        „  „  und
         20 „ Carlsberger Unterhefe Nr. 2 beschickt,
E    „    „   400 „        „         „        „  „    „
F    „    „   380 „        „         „        „  „  und
         20 „ Carlsberger Unterhefe Nr. 1 beschickt.

Während in der II. Versuchsreihe das Verhältnis zwischen den beiden
Arten der Mischung = 9 : 1 war, war es in dieser Reihe = 19 : 1; im übrigen
stimmten die beiden Reihen überein.

Die Hauptgärung war nach 11 Tagen vollendet; der Extraktgehalt in C
betrug jetzt 7,31; in D 7,64; in E 7,39; in F 7,64 % Ball. C und D zeigten
eine ziemlich schlechte Klärung, bei E und F war dieselbe gut. D stand vielleicht ein wenig unter C, und F ein wenig unter E. In Übereinstimmung mit
der vorigen Reihe war die Attenuation in D ein wenig schwächer als in C
und in F ein wenig schwächer als in E. Die Lagerung ging in der bei der
vorigen Versuchsreihe erwähnten Weise vor sich.

Nach 1²/₃ Monaten wurde der einen Reihe der Fässer eine gröfsere Anzahl
Proben, in den oft genannten Flaschen, entnommen. Das Bier war in allen
Fällen klar. In C wurden 6,58; in D 6,90; in E 6,25 und in F 6,33 % Ball.
gefunden. Nach 14 tägigem Stehen der Flaschen zeigten C und E einen sehr
geringen Bodensatz, der beim Schütteln keine Hefentrübung bewirkte; in D und
F hatte sich dagegen ein stärkerer Bodensatz entwickelt, und beim Schütteln
wurde das Bier schwach hefentrüb. Es trat also auch in dieser Versuchsreihe ein bemerkbarer Unterschied hervor zwischen der
Haltbarkeit des mit Reinkulturen je einer der beiden Brauereihefenarten dargestellten und anderseits der des mit den Mischungen vergorenen Bieres.

7 *

Nach ungefähr dreimonatlicher Lagerung wurde das Bier der zweiten Reihe von Fässern in der oben beschriebenen Weise in Flaschen abgezogen. In C wurden 6,17; in D 6,33; in E 6,25 und in F 6,33% Ball. gefunden. Das Bier war in allen Fällen vollständig klar und haltbar. Der einzige Unterschied, welcher in letzterer Beziehung jetzt zu bemerken war, zeigte sich darin, dafs die D entnommenen Bierproben im Gegensatze zu den übrigen durch Schütteln sehr schwach verschleiert wurden; von Hefentrübung war aber auch hier nicht die Rede.

Eine Zugabe von Brauereiunterhefe zu gewöhnlichem Lagerbier in dem Stadium, in dem dasselbe in den Lagerkeller gebracht wird, hatte keinen nachteiligen Einfluss auf die Haltbarkeit des Bieres; dasselbe gilt von der Zugabe, wenn sie in den kleinen Fässern und Flaschen, in die das fertig gelagerte Bier abgezogen war, stattfand. Diese Versuche wurden in gleicher Weise wie die entsprechenden, in den vorhergehenden Abschnitten erwähnten, angestellt. In allen Fällen habe ich auf normale, gute Brauereiverhältnisse Rücksicht genommen.

Hauptresultat. In den untersuchten Fällen zeigte es sich also, dafs die Anstellhefe weniger haltbares Bier gibt, wenn sie aus einer Mischung zweier Brauereihefenarten, als wenn sie nur aus einer der Arten allein, gleichviel welcher, besteht. In diesen Mischungen trat die in den geringsten Quantitätsverhältnissen vorhandene Art als eine Krankheitshefe auf. Die Versuche lehrten uns, dafs dieses nicht nur dann geschah, wenn die zwei Arten der Mischung sich quantitativ wie 9 : 1 verhielten, sondern auch, wenn das Verhältnis = 19 : 1 war, also wenn nur $\frac{1}{20}$ der Anstellhefe aus einer fremden Brauereihefenart bestand. Wir stehen hier dem eigentümlichen Falle gegenüber, dafs gute Brauereihefenarten gleichsam ihre Natur verändern, so dafs sie hernach als Krankheitshefen wirken.

Wenn wir uns erinnern, dafs Carlsberger Unterhefe Nr. 2 zu denjenigen Arten gehört, welche nicht besonders haltbares Bier geben, so ist eigentlich nichts Auffälliges darin, dafs die Zugabe dieser Art zu einer hauptsächlich aus Carlsberger Unterhefe Nr. 1 bestehenden Stellhefe bewirkt, dafs das Bier weniger haltbar wird, als wenn die letztgenannte Hefenart für sich allein die Gärung ausgeführt hat.

Sonderbar ist es dagegen, dafs eine Zugabe von Carlsberger Unterhefe Nr. 1, die sich ja gerade dadurch auszeichnet, dafs sie haltbares Bier gibt, zu einer Stellhefe, deren Hauptmasse von der andern der genannten Hefenarten gebildet war, dennoch bewirkt, dafs das damit hergestellte Bier ebenfalls weniger haltbar wurde, als wenn es mit Carlsberger Unterhefe Nr. 2 allein fabriziert war.

Die beschriebene Erscheinung trat nur dann hervor, wenn die Lagerung des Bieres in einem ziemlich frühzeitigen Stadium, nämlich nach $1\frac{1}{4}$- bis $1\frac{2}{3}$-monatlicher Lagerung, unterbrochen wurde; nach dreimonatlicher Lagerung war höchstens nur mehr eine schwache Andeutung davon zu bemerken. Nach 1¼ Monaten jedoch war das Bier in allen Fällen klar und, wenn von der Hefe Nr. 2 fabriziert, von einer solchen Beschaffenheit, daſs es als fertig gelagert anzusehen war.

In den Brauereien, welche mit Hefenarten wie die letztgenannte arbeiten und daher eine kurz dauernde Lagerung anwenden, werden Mischungen wie die hier beschriebenen Störungen hervorrufen können. In dem ersten Hefte meiner „Untersuchungen aus der Praxis der Gärungsindustrie" habe ich übrigens an mehreren Stellen von verschiedenen Gesichtspunkten aus die Frage über die Anwendung von Mischsaaten erörtert.

Diese Untersuchungen liefern einen neuen Beweis dafür, daſs man in den Brauereien mit einer Reinkultur einer einzelnen ausgewählten Art oder Rasse arbeiten soll.

### Mycoderma cerevisiae.

Mit diesem Namen werden bekanntlich die Hefenzellen bezeichnet, welche mit groſser Leichtigkeit Häute auf Bier und anderen alkoholhaltigen Flüssigkeiten bilden, aber keine Endosporen entwickeln und somit nicht zu den Saccharomyceten gehören. Es ist mit diesem Namen wie mit mehreren anderen ergangen: mit dem Vordringen der Forschung lernte man einsehen, daſs der systematische Name nicht eine, sondern mehrere Arten umfaſste. Einige dieser Spezies erregen alkoholische Gärung, obgleich bei weitem nicht so kräftig wie die meisten Saccharomyceten. Ferner gibt es unter den Mycoderma-Arten einige, welche zufolge der neuesten Untersuchungen Krankheiten in untergärigen Bieren hervorrufen. Von mehreren Seiten ist die Aufforderung an mich gerichtet worden, mich über die Frage auszusprechen; ich glaubte, daſs dieses am besten im Zusammenhange mit den obigen Untersuchungen geschehen könne.

Wenn man Studien in den Lagerkellern der Kopenhagener Brauereien vornimmt, wird man dem Mycoderma cerevisiae allenthalben begegnen. Dies hob ich schon im Jahre 1878 in meinen Untersuchungen über die Mikroorganismen des Bieres hervor. In den darauffolgenden Jahren unternahm ich sehr umfassende Studien des Bieres in den Lagerfässern der Brauerei Alt-Carlsberg, und zwar sowohl des gewöhnlichen Lagerbieres als des Exportbieres. Ein jedes Faſs war von den genannten Hefenzellen angegriffen; aber dennoch war niemals ein Anzeichen davon zu bemerken, daſs das Bier aus diesem Grunde von irgend einer Krankheit befallen sei. Die Zellen waren auch in den Perioden häufig, in welchen das Bier sich gerade in besonderem Grade durch Haltbarkeit und Wohlgeschmack auszeichnete.

In den letzten Jahren hat der Vorstand des Laboratoriums der Brauerei Alt-Carlsberg, Herr Anton Petersen, ähnliche Untersuchungen vorgenommen und ist hierdurch zu demselben Resultat gelangt; dies gilt ebenfalls von Prof. Grönlunds Untersuchungen auf Neu-Carlsberg. Ferner hat Herr Direktor Alfred Jörgensen mir mitgeteilt, daſs alljährlich mehrere Hundert Proben kranken Bieres zur Untersuchung in seinem Laboratorium eingesandt werden, aber in keinem Falle haben weder er noch seine Mitarbeiter wahrgenommen, daſs Mycoderma cerevisiae die Krankheitsursache sei. Das gleiche Resultat haben er und seine Mitarbeiter bei ihren Untersuchungen über Störungen im Brauereibetriebe selbst erhalten.

Die Biere der Brauereien Alt-Carlsberg und Neu-Carlsberg gehören zu den stärkeren; das Lagerbier wird zur Zeit mit ca. 14%, das Exportbier mit ca. 16% Ball. eingebraut. Die Mehrzahl der in Direktor A. Jörgensens Laboratorium untersuchten Biere gehören der Hauptsache nach derselben Kategorie an. Es lieſse. sich nun denken, daſs der Grund, warum die genannten Hefenzellen keine Krankheiten in dem von ihnen befallenen Biere hervorrufen, in dem groſsen Extraktreichtum der Würze läge. Anderseits wäre ja auch denkbar, daſs etwas ganz anderes die Ursache sei, daſs nämlich die z. B. in den beiden letztgenannten groſsen Brauereien befindlichen Arten oder Rassen das Bier überhaupt nicht derart umzubilden fähig sind, daſs es bemerkbaren Schaden erleidet und krank wird. Diese Anschauungen haben, wie wir im folgenden sehen werden, beide ihre Vertreter gefunden.

Wenn wir die in den Kopenhagener Bieren normal auftretenden Vegetationen von Mycoderma cerevisiae als wesentlich unschädlicher Natur bezeichnen, so gilt dies natürlich nur unter der Voraussetzung, daſs das Bier keiner unpassenden Behandlung ausgesetzt wird. Läſst man es jedoch z. B. lange Zeit hindurch in der Wärme, in schlecht gespundeten Fässern oder in schlecht gepfropften Flaschen, so wird seine Oberfläche schnell mit Häuten von Mycoderma cerevisiae überzogen werden, und diese Vegetation wird unter solchen Umständen genügen, um das Bier gänzlich zu verderben.

Der erste, welcher die Anschauung aussprach, daſs Mycoderma cerevisiae unter gewissen Umständen Schaden in den Brauereien verursachen kann, war Belohoubek. Vier Jahre später, im Jahre 1889, veröffentlichte Kukla in den „Berichten der Versuchs-Anstalt für Brauindustrie in Böhmen“ einige Mitteilungen über Biertrübung. Diese Krankheit trat in zweierlei Weise auf. Nach 3- bis 4-wöchentlichem Aufenthalt in den Lagerfässern war das Bier gleichsam mit einem feinen Staube gefüllt, und diese Verstaubung nahm von Tag zu Tag zu. In dem zweiten Falle war das Bier nach vollendeter Gärung im Lagerkeller klar, und erst nachdem es nach dem Abziehen einige Zeit in den Kellern der Konsumenten zugebracht hatte, wurde es verstaubt. Beide Formen der Krankheit werden dem Umstande zugeschrieben, dafs Mycoderma cerevisiae während der Hauptgärung zugegen gewesen sei und sich vermehrt habe. Kukla spricht ferner die Ansicht aus, dafs die in den böhmischen Brauereien allgemein verwendete, schwache, zehngrädige Würze einen besonders günstigen Nährboden für den genannten Pilz bilde. Er glaubt ferner, dafs das Malz zu der Zeit, wo er seine Untersuchungen vornahm, eine abnorme Zusammensetzung hinsichtlich des Verhältnisses zwischen den einzelnen Eiweifsstoffen gehabt habe, und dafs in der Würze ein Mifsverhältnis zwischen Zucker und Nicht-Zucker vorhanden gewesen sei. Eine wissenschaftliche Begründung der ausgesprochenen Ansichten gibt Kukla jedoch nicht in seiner Mitteilung. Er verspricht, in einer besondern Abhandlung eine solche zu geben. So lange diese nicht vorliegt, wird es nicht möglich sein, ein Urteil über diese eigentümlichen Fragen zu fällen.

In der Abhandlung, in welcher ich das Verhältnis der Alkoholhefenpilze zu den Zuckerarten behandelte, habe ich die Vermutung ausgesprochen, dafs unter dem Namen Mycoderma cerevisiae sich nicht eine, sondern mehrere Arten verbergen.

Erst durch Lasches Untersuchungen haben wir bestimmte diesbezügliche Aufklärungen erhalten. In „Mitteilungen aus Wahl und Henius' Versuchsstation für Brauerei in Chicago, 1891", beschreibt er, wie er aus trübem Bier vier verschiedene Arten oder Rassen ausgeschieden hat, welche alle unter dem alten systematischen Namen Mycoderma cerevisiae zusammengefafst werden können. Er stellte Versuche mit denselben in mit sterilisierter Würze gefüllten Kolben bei 10 ° C. an und teilt mit, dafs diese Arten sich in Würze, in der sie im Verein mit einer Brauereihefenart eine Hauptgärung durchmachten, stark vermehrten. Was später mit dem so infizierten Biere während und nach der Lagerung geschah, davon wird leider nichts gesagt.

Einen andern Versuch stellte Lasche auf die Weise an, dafs er klares, fehlerfreies Bier, welches gerade die Hauptgärung vollendet hatte, auf Flaschen abfüllte. In einigen Fällen wurde es jedoch erst durch Papier filtriert. Diese Flaschen wurden danach mit je einer der oben erwähnten vier Mycoderma-Arten infiziert. Die eine Reihe der Flaschen wurde gut gepfropft, die andere dagegen nur mit Wattepropfen verschlossen. Es stellte sich nun heraus, dafs die Mycoderma-Zellen sich in den meisten der letztgenannten Flaschen, einerlei ob sie bei 10 oder bei 4—6 ° C. standen, kräftig entwickelten, und dafs das Bier bereits nach fünf Tagen trüb war. In den mit gewöhnlichen Stöpseln gut verschlossenen Flaschen kamen unter den genannten Umständen nur zwei

Arten zur Entwickelung. Die Versuche wurden jetzt abgebrochen, und wir erfahren somit auch hier nicht, in welchem Zustande das Bier sich nach Vollendung einer normalen Lagerung befand.

Diese sowie auch die vorhergehenden Untersuchungen verdienen es, in der Weise wieder aufgenommen zu werden, daſs die Versuche im Gärkeller und Lagerkeller, jedenfalls aber unter solchen Verhältnissen, welché mit den in den Brauereien gewöhnlichen genau übereinstimmen, ausgeführt werden. Solche Versuche in der Brauerei selbst sind freilich mit besonderen Schwierigkeiten verknüpft; aber es lohnt sich vollends der Mühe; denn nur auf diesem Wege ist es möglich, über diese praktischen Fragen ins klare zu kommen.

Zuletzt teilt Lasche noch mit, daſs er dadurch, daſs er mit reingezüchteter Hefe dargestelltes Bier mit seinen Mycoderma-Arten infizierte und hierauf bei gewöhnlicher Zimmertemperatur hinstellte, zu dem Resultate gelangte, daſs drei seiner Arten im Laufe von 4—7 Tagen eine Trübung im Biere und nach zwei Wochen auch noch eine Verschlechterung seines Geschmacks und Geruchs bewirkten. Die vierte Art dagegen beeinträchtigte unter den genannten Umständen das Bier in keiner Weise.

Falls hier, wie ich annehmen muſs, von fertig gelagertem, auf wohlgepfropfte Flaschen abgezogenem untergärigem Biere die Rede ist, so sind diese drei Mycoderma-Arten unleugbar als sehr gefährlich in diesem Stadium der Gärung anzusehen.

Die von mir untersuchte Form von Mycoderma cerevisiae, welche wenigstens vor einigen Jahren die Hauptmasse der Mycoderma-Vegetationen in den Bieren auf Alt- und Neu-Carlsberg bildete und sicher noch heute den wesentlichsten Teil davon ausmacht, ist nicht nur dadurch von den von Lasche aufgestellten Arten oder Rassen verschieden, daſs sie, wie oben hervorgehoben, keine Krankheit im Biere hervorruft, sondern auch noch dadurch, daſs sie keine Alkoholgärung in Bierwürze bewirkt. Eine von Lasches Arten bildete 0,26, zwei andere je 0,79 und die vierte sogar 2,51 Vol. % Alkohol in Bierwürze. Die von Lasche und die von mir untersuchten Vegetationen sind folglich von einander deutlich verschieden.

Das **Hauptresultat** ist also dieses, daſs unter den gewöhnlich mit dem alten systematischen Namen Mycoderma cerevisiae bezeichneten hautbildenden Arten sich wenigstens eine Art findet, welche zu den für die Bierfabrikation unschädlichen gerechnet werden muſs. Diese Art tritt in groſsen Massen in den Kopenhagener Brauereien auf und bildet den Gegenstand meiner Untersuchungen.

Diejenigen Mycoderma-Krankheiten, über welche in der jüngsten Zeit von den Versuchsstationen in Prag und Chicago berichtet wird, werden durch ganz andere Arten herbeigeführt; dies gilt allenfalls von den von Lasche untersuchten.

Juli 1892.

---

## IV.
## Über die gegenwärtige Verbreitung meines Hefereinzucht-Systems.

### I. Der Zweck dieser Übersicht.

In meinen Abhandlungen in der Zeitschrift des Carlsberger Laboratoriums und im I. Heft meiner „Unters. aus der Praxis der Gärungsindustrie" habe ich eine ausführliche Darstellung der von mir zur Reinzucht, Analyse und Behandlung der Hefe, sowohl in der Brauerei als im Laboratorium ausgearbeiteten Methoden gegeben. Ich setze hier diese Arbeiten als bekannt voraus.

Eine jede Untersuchung, welche in durchgreifender Weise eine alte, eingewurzelte Auffassung zu verändern sucht, wird unumgänglich auf Widerstand stofsen, und doppelt heftig wird dieser, wenn die Frage, um welche es sich handelt, nicht allein theoretisches, sondern auch ein praktisches Interesse hat. Nichts vermag indes, eine solche Sache besser zu fördern, als günstige praktische Resultate. Der Forscher, welcher Reformen auf dem Gebiet des praktischen Lebens hervorzurufen wünscht, darf es nicht unter seiner Würde halten, selbst in der Praxis mit zu arbeiten; eben da sind die Schlachten zu gewinnen. Theoretische Beweise und Ausführungen nützen nur wenig. Dafs seine Arbeit dennoch auf einer wissenschaftlichen Grundlage basiert werden mufs, versteht sich von selbst.

Im Jahre 1888 gab ich eine Übersicht über die Verbreitung, welche mein System bis dahin erreicht hatte; ich hob hierin besonders diejenigen Brauereien hervor, welche in ihrem Betriebe den Reinzucht-Apparat eingeführt hatten. Diese Mitteilungen thaten ihre Wirkung, namentlich wegen der darin enthaltenen genauen Adressen. Den Praktikern war hiermit Gelegenheit geboten, selbst in den angegebenen, vorzüglich renommierten Fabriken zu erfahren, welche Resultate erzielt worden waren, und so die Richtigkeit meiner Angaben zu kontrollieren. In der neuen Übersicht, welche ich im folgenden dem Publikum unterbreite, habe ich dasselbe Verfahren befolgt, indem ich auch hier wieder das Hauptgewicht darauf gelegt habe, ein Verzeichnis der den Reinzucht-Apparat anwendenden Fabriken zu geben. Bei dem jetzigen Standpunkte der Entwickelung würde es überdies zu weitläufig sein, alle die Anstalten zu nennen, welche die Reinzucht in ihren Betrieb aufgenommen haben;

denn die meisten bedienen sich meines alten Verfahrens (Vermehrung der Reinkulturen in kleinen Gärbottichen von der gewöhnlichen Gestalt).

Ein Verzeichnis, welches, wie dieses, Adressen aus beinahe allen Weltteilen umfaßt, wird natürlich immer unvollständig sein, wie viel Mühe man sich auch damit geben mag. Es ist nicht aus Mangel an Höflichkeit, wenn Namen, welche mit aufgenommen sein sollten, weggelassen worden sind. [1])

Die meisten der unten verzeichneten Fabriken benutzen den von Brauereidirektor Kapitän Kühle und mir gemeinschaftlich konstruierten Apparat für größere, mit Dampfkraft versehene Fabriken (siehe Beschreibung im I. Heft meiner „Unters. aus der Praxis der Gärungsindustrie"); in einigen findet sich irgend eine Modifikation davon, und wieder in anderen bedient man sich des von Bergh und Jörgensen oder des von Marx konstruierten Apparates. In den mit einem Stern bezeichneten Fabriken verwendet man den kleinen von Lindner dargestellten Apparat.

Eine große Anzahl der Laboratorien, welche sich mit der Darstellung der reinen Hefe zum Gebrauche in der Praxis befassen, benutzen ebenfalls hierzu den Reinzuchtapparat. Da mein Verzeichnis indes meinem Plane gemäß nur die Fabriken selbst umfassen soll, werden die Laboratorien hier übergangen.

In dem Verzeichnis von 1888 waren nur Adressen von Untergärungs-Brauereien gegeben; die Zahl dieser ist im gegenwärtigen Verzeichnisse sehr erheblich gewachsen, ein greifbarer Beweis von dem Fortgange, den das neue System seit den letzten vier Jahren erfahren hat. Dieses zeigt sich auch darin, daß dasselbe sich jetzt auch in die Obergärungs-Brauereien, Spiritus- und Preßhefenfabriken sowie Trauben- und Fruchtweingärungen den Weg gebahnt hat, kurz, in alle Zweige der großen Industrie, wo Alkoholgärung verwendet wird.

Die vorliegende Übersicht gibt den Praktikern, welche sich gegenüber meinen Reformbestrebungen noch zweifelnd oder ablehnend verhalten, die Gelegenheit, sich leichter als es früher möglich war, in der Praxis selbst,

---

[1]) Das Verzeichnis, welches im Juli 1892 abgeschlossen wurde, ist nach den Zeitschriften und nach Mitteilungen von den unten genannten Herren ausgearbeitet. Diesen bringe ich hierdurch aufs neue meinen besten Dank.

Prof. Dr. Aubry (München), Fabrikant S. Baumann (Wien), Inspektor Bischoff (Fredericia), Burmeister & Wains Fabriken (Kopenhagen), Gutsbesitzer Ebbensgaard (Hefenfabrik Handbjerg bei Struer, Jutland), Dr. Eckhardt (Wien), Laboratoriumsvorstand Holten (Wandsbeck), Fabrikant W. Jensen (Kopenhagen), Direktor Alfr. Jörgensen (Kopenhagen), Dr. Kokosinski (Lille), Direktor Kukla (Prag), Prof. Dr. Van Laer (Gent), Dr. P. Lindner (Berlin), Direktor Olesen (Kopenhagen), Fabrikant Pest (Berlin), Dr. Prior (Nürnberg), Fabrikant Schneider (Hamburg), Prof. Dr. Vuylsteke (Löwen), Dr. Wahl und Dr. Henius (Chicago), Dr. Wichmann (Wien) und Direktor Wilson (London).

nach den erzielten Resultaten zu erkundigen. Da ich mir kein Patent habe geben lassen oder irgendwie pekuniären Gewinn aus meinen Arbeiten gezogen habe, so wird man die Absicht dieses Verzeichnisses nicht mifsverstehen können.[1])

## 2. Die Untergärungs-Brauereien.

Die unten verzeichneten Fabriken arbeiten mit je einem oder mehreren Reinzucht-Apparaten; die Brauereien A l t - und N e u - C a r l s b e r g verwenden z. B. je drei Gärcylinder.

### Europa.

**D ä n e m a r k.**
Gamle Carlsberg, Kopenhagen.
Ny Carlsberg,              „
Tuborg,                    „
Rahbeks Allee,             „
Marstrand,                 „
Albani, Odense.
Ceres, Aarhus.

**N o r w e g e n.**
Frydenlund, Kristiania.
Ringnes,          „
Schou,            „
Jonassen, Skien.

**S c h w e d e n.**
Bjurholm & Co, Stockholm.
Wiener Bryggeriet,  „
Stora Bryggeriet,   „
Lyckholm & Co., Göteborg.
A. Sandwall, Borås.

**D e u t s c h l a n d.**
Victoria-Brauerei, Akt.-Ges., Berlin.
Böhmisches Brauhaus,         „
Carl Gregory, Berlin.
Akt.-Brauerei-Ges. Friedrichshöhe (vorm. Patzenhofer), Berlin.
Vereinsbrauerei Rixdorf, Berlin.

Akt.-Ges. Schlossbrauerei Schoeneberg, Berlin.
Akt.-Brauerei-Ges. Moabit, Berlin.
Berliner Bockbier-Brauerei, Berlin.
Schultheifs-Brauerei Akt.-Ges.,  „
F. W. Reichenkron, Berliner Bären-Brauerei, Charlottenburg b. Berlin.
*Pfefferberg, Berlin.
Versuchsbrauerei, Berlin.
Export-Brauerei Teufelsbrücke (vrm. Rofs & Co.), Kleinflottbeck bei Hamburg.
Löwen-Brauerei, Akt.-Ges., Hamburg.
St. Pauli, Akt.-Brauerei,        „
Marienthal, Akt.-Brauerei, Wandsbeck.
Holsten-Brauerei, Altona.
Weber, Harburger Akt.-Brauerei, Harburg.
Stett. Bergschlofs-Brauerei, Komm.-Ges. a. A. (vorm. Rud. Rückforth), Stettin.
Mahn & Ohlerich, Akt.-Brauerei, Rostock i. M.
*Matschenz, Neu-Strelitz.
Lindener Akt.-Brauerei, Hannover.
Städt. Lagerbier-Brauerei,       „

---

[1]) Anläfslich der Anfragen, welche mir noch öfters zugehen, erlaube ich mir hierdurch wieder hervorzuheben, dafs das unter meiner Leitung stehende Laboratorium **nur eine wissenschaftliche Forschungsanstalt** ist und daher es nicht auf sich nehmen kann, Analysen auszuführen, Reinkulturen darzustellen oder überhaupt irgend eine Arbeit für die Herren Gewerbetreibenden auszuführen.

Kaiserbrauerei Ricklingen, R. b. Hannover.

Bavaria, Akt.-Brauerei, Posen.

Frankf. Bierbrauerei-Ges., Frankfurt a. M.

C. Bauer, Halle a. S.

Riebeck & Co., Leipz. Bierbrauerei, Reudnitz, Leipzig.

Akt.-Brauerei, Erfurt.

*Frohberg, Grimma.

*Nostitz, Zittau.

*Schaar, Poesneck in Th.

*Felsenkellerbrauerei, Meifsen.

*Bürgerliches Brauhaus, Dresden-Plauen.

Otto Allendorf, Kaiserbrau., Schönebeck a. d. Elbe.

Westphalia, Harpe in W.

Englisch Brunnen, Akt.-Brauerei, Elbing.

Bergische Brauerei-Ges. (vorm. Gust. Küpper), Elberfeld.

Altenburger Akt.-Brauerei, S. Altenburg.

Rheinische Brauerei-Ges., Alteburg b. Köln.

I. Geyl, Bierbrauerei E. Meyer, Mainz.

*Ankl. Bergschlofsbrauerei, Anklam.

*C. Wolters & Co., Herzogl. Hofbrauhaus, Braunschweig.

*Salomon, Braunschweig.

*Baldes, St. Johann.

H. & I. ten Doornkaat - Koolmann, Westgaste b. Norden, Ostfriesland.

*Stams, Wesel.

*Ebert, Scheibe.

*Stadtbrauerei, Eilenburg.

F. Brinkmann, Herbede.

Dortm. Brauerei-Ges., Dortmund.

*Bautz & Co., München-Gladbach.

Erste Bamberger Exp.-Bierbrauerei Frankenbräu, Bamberg.

Staatsbrauerei Weihenst., Weihenstephan b. München.

Dr. Hugo Eckenroth, Ludwigshafen a. R.

Gebr. Grüner, Fürth.

Conrad Fuglsang, Mühlheim a. d. Ruhr.

Akt.-Bierbrauerei, Essen a. d. Ruhr.

Rob. Leicht, Vaihingen a. d. Fildern, Württemberg.

C. Wiedmayer, Möhringen a. d. Fildern, Württemberg.

Brauerei d. Versuchsstation, Hohenheim, Württemberg.

I. H. Bernecker, Böhmisches Brauhaus, Insterburg.

Adelshoffen (vorm. Ehrhardt frères), Schiltigheim, Strafsburg.

Th. Boch & Co., Lutterbach, Elsass.

E. Lychenheim, Schwartau.

Österreich.

A. Drehers Brauhaus, Klein-Schwechat b. Wien.

Brunner Brauerei, Brunn a. Gebirg b. Wien.

Krotoschin, Mähren.

Frankreich.

La Meuse, Bar-le-duc.

M. Schmidt, Belfort.

Holland.

De Deli Brouwerij, Nieuwer Amstel b. Amsterdam.

Heinecken, Rotterdam.

*Arminius Bau, Haag.

*Smits von Waesberghe, Breda.

Schweiz.

Uetliberg, Wiedikon b. Zürich.

Finland.

Söderström, Sörnäs, Helsingfors.

Rufsland.

Kalinkin, St. Petersburg.

Neu-Bavaria, St. Petersburg.

I. Durdin, ,,

Trochgorny, Moskau.

Karneef & Gorschanoff, Moskau.

Kuntzendorff, Riga.

Ilgezeemsche Bierbrauerei, Riga.

v. Stritzky, Riga.

Fr. Jenny & Co., Odessa.

Kempe & Durian, ,,

Sanzenbacher & Co., Odessa.

### Polen.

Haberbusch & Schiele, Warschau.

### Spanien.

La cruz blanca, Santander.

## Amerika.

### Nord-Amerika.

S. Liebman's Sons Brewing Co., Brooklyn, New-York.

M. Gottfried, Brewing Co., Chicago, Illinois.

F. J. Dewes, Brewing Co., Chicago, Illinois.

Pet. Schönhofen, Brewing Co., Chicago, Illinois.

Pabst, Brewing Co., Milwaukee.

Jos. Schlitz, Brewing Co. ,,

Anheuser Busch, Brewing Association, St. Louis, Missouri.

Reymann, Brewing Co., Wheeling, West Virginia.

San Francisco Breweries Limited, San Francisco, Californien.

Compania Cervecera, Toluca, Mexiko.

### Süd-Amerika.

Ernst Stier, Calo Santa Fé, Buenos Ayres.

Brasserie Argentine, Quilmer, Buenos Ayres.

H. Winkler, Montevideo.

Nieding, ,,

Th. Schmidt, Tucumane, Argentina.

*Hoffmann & Ribbeck, Valparaiso, Chile.

Don Carlos Schormann, Valparaiso, Chile.

Cornelius & Co., Valparaiso, Chilo.

Anwandter Hos, Valdivia, Chile.

Keller Hermanos, Concepcion, Chile.

Ernst Schultze & Co., La Paz.

G. Fuchs, San Francisco de Limache.

Fabrica Cerveja Bavaria, St. Paulo, Brasilien.

## Asien.

The Osaka Brewing Co., Japan. | The Manila Brewery, Manila.

## Australien.

The Foster Brewing Co., Melbourne.

Nur wenige von den Brauereien, welche nun mein System in ihren Betrieb aufgenommen haben, verwenden hierzu die oben erwähnten Apparate; die meisten arbeiten, wie schon oben berührt, noch immer nach meinem alten Verfahren, indem sie zu der ersten Vermehrung der Hefe sich kleiner, gewöhnlicher Gärbottiche bedienen. Die Zahl solcher Brauereien beträgt mehrere Hundert, und sie finden sich in allen Ländern, wo Untergärung verwendet wird. Alfred Jörgensens Laboratorium in Kopenhagen hat mir mitgeteilt, dafs es seinesteils jährlich 66 solche kleine Fabriken in verschiedenen Ländern mit reingezüchteter Hefe versieht.

Im „Bayerischen Brauer-Journal" vom 18. Juli 1891 teilt Dr. Prior, Direktor der vom kgl. bayerischen Staate subventionierten Versuchsstation in Nürnberg, mit, daſs diese Station jährlich mehrere tausend Liter in kleinen Portionen an die kleinen Brauereien Bayerns versendet. Mehrere der anderen Stationen, welche sich gleichfalls mit der Herstellung rein-gezüchteter Hefe zu Brauereizwecken befassen, können wahrscheinlich auch auf eine ähnliche Thätigkeit hinweisen.

Eine eigentümliche Stellung nimmt Böhmen ein. Das Brauereiwesen hat in diesem Lande bekanntlich einen hervorragenden Platz erreicht; dennoch war es eins von den Ländern, wo die Hefen-Reinzucht spät eingeführt wurde, nämlich erst lange nachdem sie in mehreren anderen Anerkennung gewonnen hatte. Zwar trat in einem frühen Stadium Prof. Dr. Belohoubek als Vertreter dieser Reform auf, indem er gleichzeitig zur Errichtung einer Versuchsstation für Brauereiwesen in Prag auf-forderte; aber erst nachdem dieser Plan verwirklicht worden war, hatte die genannte Reform Fortgang in Böhmen, nämlich durch die Bestrebungen Direktor Kuklas. In dem Berichte, welchen er in der „Österreich. Brauer- und Hopfenztg." 1891 über die Thätigkeit der Station gab, teilt er mit, daſs unter den Brauereien, welche reingezüchtete Hefe von der Station beziehen, 20 seien, die ausschlieſslich dieselbe in ihren Betrieben verwenden. Einige dieser Brauereien sind ausländische, von der Mehr-zahl derselben aber muſs ich annehmen, daſs sie in Böhmen gelegen sind. Das Sonderbare bei der Sache ist, daſs alle die böhmischen Brauereien, welche mein System anwenden, kleine Fabriken sind. Der Reinzucht-Apparat ist nirgends eingeführt worden, und soweit ich habe erfahren können, haben keine der groſsen Brauereien überhaupt die Reinzucht in ihren Betrieben eingeführt. Die Verhältnisse in Böhmen sind also in dieser Hinsicht von den in allen anderen Ländern stattgefundenen ver-schieden. Es würde uns zu weit weg von unserem Hauptgegenstand führen, wenn wir versuchen wollten, den Ursachen dieser eigentümlichen Verhältnisse nachzuspüren.

Ehe ich diesen Abschnitt schlieſse, dürfte es von einigem Interesse sein, auch auf Nord-Amerika einen Blick zu werfen. Hier hat das Rein-zucht-System in den letzten paar Jahren den gröſsten Fortgang erfahren. Aus umstehendem Verzeichnis geht hervor, daſs die gröſsten und berühm-testen Brauereien dasselbe aufgenommen haben. Dr. Wahl und Dr. He-nius teilen in ihrer Zeitschrift mit, daſs die Reinzucht jetzt mit durch-greifendem Erfolg in über 50 nordamerikanischen Brauereien eingeführt ist.

Alle Verhältnisse sind in diesem Weltteile durchgehends gröſser als in Europa. Von den im vorstehenden Verzeichnisse genannten Brauereien produziert z. B. Pabst in Milwaukee jährlich ca. 750000 barrels (ca. 900000 hl), Jos. Schlitz in Milwaukee ca. 600000 barrels (ca. 700000 hl) und Anheuser Busch in St. Louis ca. 542000 barrels (ca. 630000 hl). Zum Vergleich sei hier mitgeteilt, daſs die Jahresproduktion der Brauerei Alt-Carlsberg 290000 hl beträgt. Alles in allem gerechnet, sehen wir, daſs es eine riesige Industrie ist, mit der wir uns hier beschäftigen, und daſs man in ihr nicht mit Tausenden, sondern mit Millionen rechnet.

### 3. Die Obergärungs-Brauereien.

Nachstehende Brauereien wenden Reinzucht-Apparate in ihrem Betriebe an:

**Europa.**

Dänemark.

Rahbeks Allee, Kopenhagen.
Wiibroe, Helsingör.
Bie, Hobro.

Deutschland.

*Janssen Witwe, Hamburg.
*Braukommune, Liegnitz.

Frankreich.

Dazin frères, Roubaix.
P. & E. Blanquet, St. Omer.
Masse-Meurisse fils, Lille.
E. Vennin, Lille.
E. Butruille, Douai.

Holland.

Baartz & Zoon, Brouwerij d'Oranje-boom, Rotterdam.
C. van Stolk, A. zn., Brouwerij de Posthoorn, Rotterdam.

Belgien.

Caulier, 10 rue Herry, Bruxelles.
Spreux, 5 rue des Corriers, Tournai.
Boonaerts & van Breedam, Malines.
Van Tilt soeurs, brasserie la Sirène, Louvain.
Avedyck & Co., ancienne brasserie Beckx, Louvain.

Finland.

Söderström, Sörnäs, Helsingfors.

Nachdem es mir im Jahre 1884 gelungen war, die Reinzucht in einigen dänischen und deutschen Untergärungs-Brauereien einzuführen, forderte ich Herrn Direktor Alfred Jörgensen auf, ähnliche Versuche in dänischen Obergärungs-Brauereien anzustellen. Es zeigte sich nun, daſs die Auswahl zwischen den schwach vergärenden und den schnell klärenden Hefenrassen zu treffen war. Bereits 1885 gelang es Direktor Jörgensen durch Zusammenarbeiten mit Herrn Brauereidirektor Joh. Wulff, die Reinzucht in der Brauerei Wiibroe in Helsingör einzuführen. Später faſste das neue System in der Kopenhagener Brauerei Rahbeks Allee festen Fuſs. Dieses geschah im Jahre 1891, da der Herr Konsul W. Haurowitz die Direktion dieser und der übrigen der Gesellschaft „De Forenede Bryggerier" („Die Vereinigten Brauereien") in Kopenhagen zugehörigen Fabriken übernahm. Mit Hilfe von 2 Gärungs-cylindern wird nicht allein die genannte Brauerei mit Reinzuchthefe versorgt, sondern auch die anderen Obergärungs-Brauereien dieser Gesellschaft erhalten von hier ihre Reinhefe. Gleichzeitig hatte A. Jörgensen

auch in der den Herren B a a r t z & Zoon gehörigen Brauerei D'Oranje-
boom in Rotterdam eine reingezüchtete Oberhefe eingeführt. Der technische
Direktor dieser Brauerei, Herr G r i m m e r, gab 1890 eine diesbezügliche
Mitteilung heraus, aus der hervorging, daſs man mit dem neuen System
gute Resultate erzielt hatte. In der „Österreich. Brauer- und Hopfen-
Zeitung" 1892, Nr. 15, teilt er mit, daſs diese berühmte Brauerei nun
die Reinzucht ihrem Betriebe mit Hilfe von 3 Apparaten systematisch
einverleibt habe. A r m i n i u s Bau hat auch mein System mit Erfolg
in holländischen Obergärungs-Brauereien eingeführt. A. Jörgensen's
gärungsphysiologisches Laboratorium hat in den letzten Jahren ebenfalls
eine groſse Anzahl ausländischer Obergärungs-Brauereien mit reingezüchteten, planmäſsig ausgewählten Hefenrassen versehen.

Es ist hierdurch die Erfahrung festgestellt worden, daſs ebenso wie
es verschiedene Kultur-Unterhefenarten und -rassen gibt, auch verschiedene Kultur-Oberhefenarten und -rassen existieren, von denen mehrere
vielfach unter sich verschieden sind in der Art und Weise, auf welche
sie arbeiten. Zur Befriedigung der an die Beschaffenheit des Bieres gestellten mannigfachen Anforderungen ist es hier mindestens ebenso notwendig wie in der Untergärung eine planmäſsige Auswahl vorzunehmen.

Infolge der durchgreifenden Verschiedenheiten der Arten und Rassen
wird dieselbe Behandlung nicht für alle passen. Die im I. Heft meiner
„Untersuchungen aus der Praxis der Gärungsindustrie" im Betreff der
Unterhefe gegebenen diesbezüglichen Aufschlüsse haben auch hier Geltung;
eine allgemeine Regel läſst sich nicht aufstellen.

In der Brauerei R i n g n e s & Co. in Christiania führte Dr. O l s e n
eine reingezüchtete Oberhefe ein.

Früh fand dieser Fortschritt den Weg nach Australien. In der
Zeitschrift „The Australian Brewer's Journal" (Melbourne, December 20,
1888, und January 20, 1889) teilen M a c C a r t i e und D e B a v a y mit,
daſs das Reinzuchtsystem in mehreren australischen Obergärungs-Brauereien gute Resultate gegeben habe, und zwar nicht allein für die leichteren
Biersorten (running ales), sondern auch für die stärkeren (stock beers).
Sie bemerken, daſs keine Schwierigkeit der Erreichung einer passenden
Nachgärung entgegengetreten sei, und daſs in Melbourne im wesentlichen
ähnliche Biere wie in England fabriziert werden. Dieses gewinnt nament-
lich dadurch ein besonderes Interesse, daſs man in dem letztgenannten
Lande zu der Meinung sich hingeneigt hat, daſs eine aus einer einzigen
Art bestehende reingezüchtete Hefe nicht fähig sein würde, die erwünschte
Nachgärung (condition) zu geben. Die in Australien ausgeführten Ver-
suche wurden teils mit einer Art, welche die Hauptmasse einer in einer
Brauerei in Burton on Trent in England verwendeten Oberhefe bildet,
angestellt, teils mit aus australischen Brauereien stammenden Arten.

Erstere war in Alfred Jörgensen's, letztere in De Bavay's Laboratorium hergestellt.

In den nordfranzösischen Obergärungs-Brauereien ist die Reinzucht jetzt von Dr. Kokosinski, Direktor der Brauerei-Station in Lille, erfolgreich eingeführt worden. Er teilt in seiner Abhandlung „Application industrielle de la méthode Hansen à la fermentation haute" (Station scientifique de brasserie. Comptes rendus. Gand. 1890, p. 13) mit, dafs er seine diesbezüglichen Versuche im Jahre 1888 in einer Brauerei in Lille begann, und dafs mein System zwei Jahre nachher in 15 Obergärungs-Brauereien in Nord-Frankreich eingeführt war.

Als ein Beitrag zum Aufschlusse über die in diesem Lande gewonnenen Resultate hat Herr Prof. Grönlund (Neu-Carlsberg) mir gütigst mitgeteilt, dafs die Herren Dazin frères, Brasserie de Beaurepaire in Roubaix ihm unterm 16. November 1891 folgendermafsen schrieben: „Seit 1888 verwende ich in der von mir geleiteten Brauerei reingezüchtete Oberhefe, und habe ich nach mehreren mehr oder weniger glücklichen Versuchen eine für unser Etablissement passende Rasse gefunden; das Bier hat dadurch in hohem Grade gewonnen".

Im Jahre 1889 stellte Dr. J. Vuylsteke, Professor an der Universität zu Löwen, ähnliche Versuche in einigen belgischen Brauereien an, Versuche, welche ebenfalls besonders günstig ausfielen. Ungefähr zu derselben Zeit hatte Dr. Van Laer, Professor an der Brauerei-Station in Gent, gleichfalls in dieser Richtung zu arbeiten begonnen. Er gründete 1891 „La Société des Ferments purs" und hat hierdurch dem neuen System eine weite Verbreitung in den Obergärungs-Brauereien Belgiens, Hollands und Nord-Frankreichs verschafft. Die Hefenfabrikation dieser Gesellschaft geschieht in den beiden obengenannten Brauereien Caulier in Brüssel und Spreux in Tournai. Es wird hier hauptsächlich mit zwei Rassen, einer stark und einer schwach vergärenden, gearbeitet. Wenn die absolut reine Hefe die Vermehrungs-Apparate verläfst, um in die beiden genannten Brauereien zu gehen, wird sie zu sterilisierter, in geschlossenen Gärbottichen befindlicher Würze gesetzt. Die Räume, in welchen diese Bottiche aufgestellt sind, sind — ebenso wie der Raum, in welchem die Hefe zum Versand verpackt wird —, mit steriler Luft versehen. Sowohl hierüber, als bezüglich der Thätigkeit der Gesellschaft überhaupt, finden sich eine Reihe Artikel in „La Gazette du Brasseur". Auf dem belgischen Brauertage in Gent im Juli 1892 teilte Herr Spreux mit, dafs die Gesellschaft im Laufe des letztverflossenen Monats an 75 belgische Brauereien reingezüchtete Hefe geliefert, und dafs sie 60 feste Abonnenten in Belgien, Holland und Frankreich habe, welchen jede Woche oder alle vierzehn Tage die nötige Hefe zugesandt werde.

In Belgien ist also die Fabrikation der reingezüchteten Hefe und der Handel mit derselben an zwei Brauereien geknüpft worden, während in den anderen Ländern die zymotechnischen Laboratorien sich darauf verlegt haben. Die Berliner Station unterscheidet sich jedoch dadurch von den anderen Laboratorien, daſs sie sich selbst eine Brauerei erbaut und in dieser eine Abteilung für die Fabrikation reingezüchteter Hefe eingerichtet hat, hauptsächlich in derselben Weise wie bei der belgischen „Société des Ferments purs".

Wir haben so gesehen, daſs das Reinzucht-System auch in den Obergärungs-Brauereien eine weite Verbreitung gewonnen hat. Auch auf diesem Gebiete haben die angesehensten Autoritäten es als einen groſsen Fortschritt bezeichnet. Um so auffallender ist es, daſs es noch keinen Eingang in England gefunden, das Land, in welchem die Obergärung von alters her vorherrschte, und in welchem die gröſsten Brauereien der Welt sich finden.

Als ich im Jahre 1889 in London meinen Vortrag „On my system of pure yeast culture and its application in top fermentation breweries" (siehe „Transactions of the Laboratory Club") hielt, hatte diese Sache zwar auch in England ein lebhaftes Interesse erregt, aber man mochte lieber darüber diskutieren als Versuche anstellen. Gordon Salamon hatte in seinen „Cantor Lectures" eine Übersicht meiner Untersuchungen gegeben und den englischen Technikern empfohlen, Proben nach dem von mir angegebenen Verfahren zu machen; allein seine Aufforderung fand nur wenig Anklang. Soweit ich weiſs, hatten damals nur H. T. Brown und Morris derartige Versuche unternommen, nämlich in der Brauerei Worthington in Burton on Trent. Diese Versuche gaben freilich kein entscheidendes Resultat, aber die beiden genannten Chemiker waren doch der Ansicht, daſs die neue Reform sich am Ende auch in das englische Brauwesen den Weg bahnen würde, wie es bereits anderwärts geschehen war. Die meisten englischen Zymotechniker hatten damals sicher die Ansicht, daſs die Hefenreinzucht in der Fabrikation der leichteren Biersorten (running beers, running ales), aber nicht bei der Bereitung der schwereren (stock beers), einer Nachgärung bedürftigenden, verwendet werden könne. Von dieser Nachgärung war man der Ansicht, daſs sie darauf beruht, daſs das Maltodextrin und gewisse Dextrine, welche während der Hauptgärung nicht angegriffen werden können, während der Lagerung in Maltose umgebildet und darauf vergoren würden. Zur Ermöglichung dieser Nachbildung müſsten ferner, wie man annahm, gewisse wilde Unterhefenarten zugegen sein. Experimentelle Beweise für die Richtigkeit dieser Lehre wurden keine gegeben, wohl aber häufig genug ausführliche Diskussionen darüber in verschiedenen Zeitschriften.

Wie man sich erinnern wird, hatte der verstorbene Besitzer der Brauerei Alt-Carlsberg, Kapitän J. C. Jacobsen, eine ähnliche Auffassung bezüglich der untergärigen Biere, indem er annahm, daſs die wilden Hefenarten, die ich ja gerade ausschlieſsen wollte, notwendig seien zur Erregung der Nachgärung. Er meinte, für diese Ansicht eine Stütze zu finden in einigen Aussprüchen in den Werken Reess's und Pasteur's, welche allerdings auch auf diese Weise verstanden werden können. Daſs diese Auffassung unrichtig war, bewies ich durch direkte Versuche.

In meinem obenerwähnten Vortrage in London wies ich auf diese Versuche hin. Die im Vorhergehenden beschriebenen, von Brauereien in Australien erzielten günstigen Resultate, standen ebenfalls im Gegensatze zu den in England aufgestellten Einwänden; beachtenswert ist es hier eben, daſs in den australischen Brauereien im Wesentlichen nach englischen Methoden gearbeitet wird. Da eine Neigung vorhanden zu sein schien, mit einer Mischung mehrerer Hefenarten Versuche anzustellen, beschrieb ich, wie diese ausgeführt werden können. Auch für dieses Verfahren ist natürlich Reinzucht und planmäſsiges Auswählen der einzelnen Spezies nötig, wenn man Sicherheit erlangen will. Da sie indeſs den Brauereien groſse Schwierigkeiten verursachen wird, riet ich von ihrer diesfallsigen Anwendung ab, empfahl aber, die Versuche mit einzelnen Hefenrassen nach den von mir ausgearbeiteten Methoden fortzuführen.

Es liegen für die englischen Obergärungsbrauereien dieselben Gründe zur Aufnahme des neuen Systems vor, wie für die übrigen Zweige der Gärungsindustrie. Die Gärungen in den englischen Brauereien sind ebenso wie anderwärts der Gefahr ausgesetzt, von Bakterien und wilden Hefenpilzen ergriffen zu werden, welche Krankheiten des Bieres hervorrufen und dadurch groſse Störungen und herbe Geldverluste verursachen können. In der englischen Brauereihefe finden sich auſserdem für gewöhnlich nicht eine, sondern mehrere Kulturarten; es ist gar keine Sicherheit vorhanden, daſs die günstigste Art im Übergewicht vorhanden sei, ja es ist nicht einmal sicher, daſs sie überhaupt zugegen sei. Alles ist hier Zufall; der Brauer weiſs in Wirklichkeit gar Nichts von der Hefe, welche er seinen Gärbottichen zusetzt.

Viele der alten Brauereien in England, welche ich Gelegenheit hatte zu besehen, hatten schlecht eingerichtete Gärräume, und die Platzverhältnisse gestatteten keine diesbezügliche Verbesserung. Die Gärräume waren dem Eindringen von Staub in hohem Grade ausgesetzt; ein jeder Luftstrom führte eine Infektion mit sich. Unter solchen Umständen ist es eben besonders angezeigt, groſse Massen reingezüchteter Hefe von der günstigen Rasse durch den Betrieb

8*

gehen zu lassen. Hierdurch werden sowohl Bakterien als wilde Hefenarten in wirksamster Weise bekämpft. Wenn gleich man die Reinzucht nicht vollständig einführen kann oder will, so hat man es doch in seiner Gewalt, die gewünschte Hefenart im Übergewicht zu erhalten.

Nach meinem Besuche in England begann man in einigen dortigen Brauereien, Versuche anzustellen und neue Mitstreiter traten öffentlich für mein System ein, darunter namentlich Hagen-Schow und Dr. Sykes. Seit ein paar Jahren haben mehrere Brauereien in den verschiedenen Gegenden Englands regelmässig Sendungen von reingezüchteter Oberhefenarten von A. Jörgensen's Laboratorium in Kopenhagen bezogen. Hieraus schliefse ich, dafs dieselben zufriedenstellende Resultate gegeben haben müssen, da man sonst wohl kaum sein Geld fortwährend darauf verwenden würde. — Von Herrn Frank Wilson, Direktor der Brauerei in Castle Street, Long Acre in London, habe ich vor Kurzem die Mitteilung empfangen, dafs es ihm und seinem Sohne gelungen sei, eine reingezüchtete Hefenrasse einzuführen, welche guten Erfolg gegeben habe. Schliefslich kann ich noch mitteilen, dafs im jüngst verflossenen Sommer eine Gesellschaft mit dem Namen „The British Pure Yeast Company" in Burton on Trent errichtet wurde. Der technische Leiter derselben ist derselbe wie der Direktor der oben erwähnten Gesellschaft in Brüssel, nämlich Prof. Dr. Van Laer. Der Betrieb wird in ähnlicher Weise wie in den beschriebenen belgischen Reinzucht-Anstalten geleitet werden, und der Zweck ist, die Brauereien Grofsbritanniens mit reingezüchteter Hefe zu versehen. In den Brauereizeitschriften finden sich Berichte, welche dahin gehen, dafs die von Van Laer isolierte Hefenrasse in einigen der bedeutendsten Obergärungsbrauereien geprüft wurde, und es wird hervorgehoben, dafs sie die gewünschte Nachgärung und Bier von vorzüglicher Beschaffenheit gegeben habe. Der neue Fortschritt scheint sonach, nun auch in Kurzem im grofsen konservativen Inselreich, in dem das alte Obergärungsverfahren sich Jahrhunderte lang erhalten, festen Fufs fassen zu wollen.

### 4. Die Spiritus- und Prefshefenfabriken.

Da man bekanntlich in der nämlichen Fabrik sowohl Spiritus als Prefshefe produziert und ebenfalls in der nämlichen Fabrik bald auf das eine, bald auf das andere dieser beiden Produkte das Hauptgewicht legt, so habe ich keine Unterscheidung zwischen Brennereien und Prefshefenfabriken gemacht. Folgende Fabriken arbeiten mit Reinzucht-Apparat:

**Europa.**

**Dänemark.**

De danske Spritfabriker, Fredericia.

Deutschland.

Prefshefe-Fabrik des Vereins der Spiritus-Fabrikanten in Deutschland, Berlin.

Frankreich.

Vezia, Kiderlin & Co., Bordeaux.

Rufsland.

*Haase, Pensa.

Amerika.

P. Varando & Co., Buenos Ayres.

Asien.

Ynchausti & Co., Manila.

Parry & Co., Madras.

Erst in den letzten Jahren hat man in diesen Fabrikationen das neue System aufgenommen. In der Hefen- und Spritfabrik Handbjerg in Jütland hat man laut gütiger Mitteilung des Besitzers, Herrn Ebbensgaard, seit längerer Zeit mit Erfolg eine von Direktor Alfred Jörgensens Laboratorium in Kopenhagen bezogene reingezüchtete Hefenrasse benutzt. Die Gesellschaft „Die dänischen Spritfabriken" sind jedoch die ersten Fabriken, welche den Reinzucht-Apparat eingeführt und überhaupt die Reinzucht in systematischer Weise angewendet haben. Der Direktor dieser Gesellschaft, Herr Olesen, und Herr Inspektor Bischoff, welchen Herren ich diese Aufschlüsse verdanke, haben ausgesprochen, dafs sie die Reinzucht auch für die Hefenfabrikation als einen entschiedenen Fortschritt betrachten. Die in Fredericia bestehende Abteilung der Fabriken stellt seit lange vermittelst des Apparates die für den täglichen Betrieb nötige Reinzuchthefe dar und hat nicht nur die anderen Fabriken der Gesellschaft, sondern auch die meisten übrigen Hefenfabriken Dänemarks sowie eine Fabrik im Auslande mit dieser Stellhefe versehen. Der genannten dänischen Gesellschaft gebührt also die Ehre, zuerst diese Reform auf dem Gebiete der Prefshefenfabrikation verwirklicht zu haben.

In der „Zeitschrift für Spiritusindustrie" 1892 Nr. 6 und „Ergänzungsheft" S. 24 weist Prof. Dr. Delbrück auf den im Brauereiwesen erzielten durchgreifenden Erfolg als Ausgangspunkt hin. Er hebt dann hervor, dafs Dr. P. Lindner im Laboratorium der Berliner Station nachgewiesen hat, dafs in den deutschen Brennereien mit einer unreinen Hefe gearbeitet wird, welche aus einer grofsen Anzahl hinsichtlich ihres Vermehrungs- und Gärungsvermögens unter einander verschiedener Rassen besteht, von denen einige dem Betrieb vorzüglich angemessen, andere dagegen unbrauchbar sind. Die Ausbeute wird indes nicht allein dadurch geschmälert, dafs man also ungünstige Hefenrassen verwendet, sondern auch noch dadurch, dafs der Zeug von Bakterien angesteckt ist. Infolgedessen hat der Verein der deutschen Spiritus-Fabrikanten auf Delbrücks Vorschlag sich die Aufgabe gestellt, die Anwendung reingezüchteter, aus einer günstigen Rasse bestehender Hefe in den Brennereien einzuführen und zu diesem Behufe eine Reinzucht-Anstalt in Berlin einzurichten.

Nach einigen vergeblichen Versuchen hat diese Anstalt günstige Resultate in den deutschen Brennereien erzielt. Dr. G. Heinzelmann berichtet hierüber in der genannten Zeitschrift, No. 25: „Es ist dem Laboratorium der Station jetzt gelungen, eine Hefenrasse zu isolieren, welche den von der Praxis an die Hefe gestellten Anforderungen genügen dürfte. Mit dieser Hefenrasse stellte ich Versuche im Grofsen in der Brennerei des Herrn Otto in Schlagenthin bei Arnswalde N. M. an. Vor der Verwendung der Reinzuchthefe wurde der Vormaischbottich sowie die Rohrleitungen mit Kalk gut desinfiziert, jedoch die Arbeitsweise beibehalten. Es wurde mit Mais gearbeitet".

Die Vorteile, welche sich aus der Einführung der reinen Hefe für diese Fabrik ergaben, bestanden wesentlich darin, dafs die Säurebildung geringer als sonst wurde. Die Gärung wurde eine bessere, was sich darin zu erkennen gab, dafs man mit dem nämlichen Material eine um 1 Vol. % höhere Alkoholausbeute als bei Verwendung der früheren, unreinen Hefe erhielt. Endlich erschien der mit der reingezüchteten Hefe dargestellte Spiritus einen angenehmeren Geschmack und Geruch zu haben, als man es gewohnt war.

Die späteren Erfahrungen lauten ebenso günstig (siehe Nr. 28 derselben Zeitschrift):

Eine Dampf-Kornbranntweinbrennerei, in der mit einer Mischung von Mais, Roggen, Hafer und Grünmalz gearbeitet wurde, hatte bisher bei Anwendung der gewöhnlichen, unreinen Hefe eine gute Ausbeute erreicht; als aber der Versuch mit der reingezüchteten Hefenrasse vorgenommen wurde, stellte sich trotzdem heraus, dafs durch letztere die Ausbeute um 0,2—0,25 % vom Maischraum gesteigert wurde. Bei reiner Roggenmaischung war das Resultat noch günstiger.

Eine grofse Maisbrennerei teilt mit, dafs sie bei Anwendung der reingezüchteten Hefe eine Ausbeute von 11,66 % gegen 11,4 % vorher erhielt. Von einer Melassebrennerei und einer Prefshefenfabrik liegen gleichfalls sehr günstige Resultate vor. In einer anderen Prefshefenfabrik dagegen haben die Ergebnisse mit der Reinhefe nicht befriedigt. Es ist dies bisher der einzige ungünstige Fall.

Auch in den Kartoffelbrennereien scheint dieselbe reingezüchtete Hefe ein gutes Resultat zu geben. Zu bemerken ist, dafs in allen den erwähnten Fällen nur von einer Rasse die Rede ist; dieselbe wird in der Station als Nr. II bezeichnet und wird hernach ununterbrochen daselbst gezüchtet werden, um die Fabriken, welche Mitglieder des Vereins sind, mit Stellhefe versehen zu können. In diesen wird die Hefe stetig in den gewöhnlichen Bottichen gezüchtet. Die Reinzucht-Anstalt der Station bedient sich dagegen selbstverständlich des Reinzucht-Apparates.

Der Fortgang der neuen Reform in der Spiritus- und Prefshefenfabrikation ist demnach als gesichert anzusehen.

Es würde die Grenzen der gegenwärtigen Arbeit bei weitem überschreiten, wenn ich die irrigen Ansichten über die Hefenfrage, welche sich in diesen Fabrikationen eingewurzelt haben, zu berichtigen versuchen wollte. Nur einen Punkt mufs ich, ehe ich diesen Abschnitt schliefse, hervorheben, da derselbe für die Bewegung, welche nun begonnen hat, eine besondere Bedeutung besitzt. Es ist der nämliche Irrtum, gegen den ich auch schon, als ich meine Reformbestrebungen im Brauwesen begann, kämpfen mufste. Man verlangt nämlich von der Reinzucht mehr, als sie ihrem Wesen nach zu leisten vermag. Wenn man eine gewöhnliche, mehr oder minder unreine Hefe hat, die in der betreffenden Fabrik sich gut bewährt hat, so wird man mit Hilfe einer daraus hergestellten Reinkultur in der Regel nicht die Ausbeute steigern können. Verwirft man nun aus diesem Grunde die reingezüchtete Hefe, so begeht man einen Fehler. Die Bedeutung der reingezüchteten Hefe liegt in der Sicherheit, welche sie ergibt. Vorausgesetzt, dafs die Hefenrasse richtig ausgewählt ist, gibt sie das günstigste Resultat und fährt damit fort, solange die Züchtungsverhältnisse einigermafsen gleich bleiben. Bei Anwendung der unreinen, gewöhnlichen Hefe hat man dagegen keine Sicherheit; nach kurzer Zeit kann ihre Zusammensetzung dergestalt verändert worden sein, dafs sie ein nichts weniger als zufriedenstellendes Resultat gibt; kurz, bei unreiner Hefe arbeitet man immer auf's Geratewohl und weifs in Wirklichkeit gar nicht, was man der Flüssigkeit in den Gärbottichen zugibt. Bei dem gegenwärtigen Stande der Verhältnisse ist in der Gärung die Quelle der meisten und gefährlichsten Schwankungen im Betriebe zu suchen. Durch Einführung einer reingezüchteten, planmäfsig ausgewählten Hefenrasse gewinnt man in diesem Punkte Sicherheit und einen rationellen Betrieb. Hierin liegt der Fortschritt. In den Fabriken existieren indefs noch mehrere andere Quellen von Schwankungen und Gefahren, und daran kann die reine Hefe nicht die Schuld tragen. Die reine Hefe kann, wie ich schon früher stark habe hervorheben müssen, nicht Alles thun. Die Anforderungen an die gute Beschaffenheit der Rohprodukte sowie an ein vernünftiges und genaues Verfahren bleiben die gleichen wie vorher.

Schliefslich will ich noch an dieser Stelle beifügen, dafs SchiöttzChristensen in Kopenhagen eine reingezüchtete Hefe dargestellt hat, welche in der Schwarzbrotbäckerei anstatt des Sauerteigs verwendet wird.

### 5. Die Trauben- und Fruchtweingärung.

Durch seine Untersuchungen über die Weingärung kam Pasteur zu der Anschauung, daſs man den Traubenmost ohne Gefahr der durch die auf der Oberfläche der Beeren vorhandenen Hefenpilze hervorgerufenen spontanen Gärung überlassen könne. In seinen Studien über das Bier, S. 4, spricht er diese Ansicht wieder aus. Man fuhr in Wirklichkeit auch ruhig fort, den Zufall für die Gärung sorgen zu lassen; niemand dachte vor der Hand darauf, ein rationelleres Verfahren zu erfinden. Zu jener Zeit ging man ebenfalls davon aus, daſs Saccharomyces ellipsoideus oder, wie Pasteur diese Hefenart hannte, „la levûre ordinaire du vin", eine einzige bestimmte Art sei. Im Jahre 1883 zeigte ich, daſs mindestens zwei Arten sich unter diesem Namen verbergen. Aus den Untersuchungen, welche ich fünf Jahre später über das Verhältnis der Alkoholhefenpilze zu den Zuckerarten mitteilte, ging ferner hervor, daſs in der Erde unter den Weinreben und anderwärts sich Hefenzellen vorfinden, welche den Zellen, welche man gewöhnlich mit dem systematischen Namen Sacch. ellipsoideus bezeichnet, ähnlich sehen, sich aber dadurch von diesem unterscheiden, daſs ihnen die Sporen fehlen. Mehrere von diesen Nicht-Saccharomyceten erregen in Dextroselösungen eine lebhafte Gärung, und es wird daher wohl nicht unwahrscheinlich sein, daſs sie oft an der Weingärung teilnehmen. Sie sind gewiſs auch als zu Sacch. ellipsoideus gehörend beschrieben worden. Aus diesem Allen erhellt, daſs der Weinhefenpilz nicht eine, sondern mehrere Arten sind.

Nachdem mein Reinzucht-System in der Brauereiwelt Anerkennung gewonnen hatte, wurde hiedurch die Aufmerksamkeit auf die Weingärung gelenkt. Bis dahin hatte man, wie schon oben bemerkt, den kostbaren Traubenmost allerwärts der zufälligen Gärung überlassen.

Der Erste, welcher jetzt diese Frage einer wissenschaftlichen Behandlung unterzog, war der Franzose Louis Marx (Moniteur scientifique, Paris 1888). Vermittelst der von mir angegebenen Methoden zur Darstellung von Reinkulturen und zur Analyse der Hefenarten wies er nach, daſs in einer jeden Weinhefe mehrere Arten sich vorfinden, welche oft unter dem Mikroskope ähnlich aussehen, aber dennoch in anderen Beziehungen verschieden sind und ebenfalls im Traubenmoste eine verschiedene Wirksamkeit entfalten. Ebenso wie bei den von mir untersuchten Saccharomyces-Arten zeigte es sich auch hier, daſs der Entwickelungsgang der Sporen gute Charaktere abgibt.

Von besonderer praktischer Bedeutung sind die von Marx mit mehreren der von ihm isolierten Arten angestellten Versuche. Er säete jede Art für sich in den nämlichen Traubenmost aus, und es zeigte sich jetzt, daſs sie Wein von verschiedenem Bouquet und verschiedenem Geschmacke hervorbringen konnten. Daher sprach er die Anschauung aus, dafs man durch Anwendung einer Reinkultur einer bestimmten ausgewählten Hefenart imstande sein werde, einen besseren Wein als sonst zu erzielen, auch wenn der Most weniger gut sei. Es sind dies also wesentlich dieselben Resultate, wie diejenigen, welche meine Versuche mit Carlsberger Unterhefe Nr. 1 und Nr. 2 in den Jahren 1883 und 1884 im Gebiete des Brauwesens ergeben hatten. Marx gab ein Verfahren zur Züchtung grofser Mengen der Reinhefe an, durch welches man sich in bequemer Weise eine günstige Gärung des Weintraubenmostes sichern konnte.

Ungefähr zur selben Zeit veröffentlichte ein anderer Franzose, Rommier, in den „Comptes rendus" der Pariser Akademie einige Mitteilungen über Weingärung. Er arbeitete jedoch nicht mit Reinkulturen, und insoweit er die Hefe nicht nahm sowie sie in dem betreffenden Wein vorhanden war, verwendete er ähnliche Methoden wie die von Pasteur im Jahre 1876 zur Reinigung der Brauereihefe vorgeschlagenen. Rommier greift die Sache in solcher Weise an, als ob die Forschung in der Zwischenzeit stillgestanden hätte, und scheint die unterdessen aufserhalb Frankreichs gemachten Fortschritte gar nicht zu kennen.

Seine Ausführungen gehen dahin, dafs das Bouquet des Weines durch die Hefe allein bedingt sei, und dafs Traubenmost aus Gegenden, welche nur gemeine Weinsorten produzieren, einen Wein mit den gleichen Hauptcharakteren wie die irgend eines typischen feinen Weines geben werde, wenn man nur dem feinen Weine entstammende Hefe dazu verwende. Es sind dieselben Beobachtungen wie die von Marx mitgeteilten, aber sie werden hier so dargestellt, als ob ihnen unbedingte Giltigkeit zukäme. Auf die chemische Zusammensetzung des Mostes wird kein Gewicht gelegt; die Hefe soll nun alles ausrichten. Mehrere Weingärungs-Techniker stellten ähnliche lose Behauptungen wie Rommier auf.

Ich hatte, wie oben berührt, in den Jahren 1883—1884 zum ersten Male durch exakte Experimente nachgewiesen, dafs es verschiedene Saccharomyces-Arten gibt und dafs dieselben Gärungsprodukte von verschiedener Beschaffenheit geben. Indem ich in den Mitteilungen über meine Brauerei-Studien in dringender Weise darauf hinwies, wie wichtig es ist, die Gärung mit einer einzigen ausgewählten Art oder Rasse zu führen, betonte ich doch zugleich, dafs der Charakter und die ganze Beschaffenheit des Bieres durch mehrere andere Faktoren aufser der Hefe bedingt ist; letztere bildet allerdings einen sehr wichtigen Faktor, aber nur einen. Man wird so z. B. nicht Bier vom Pilsener Typus bekommen, wenn man in eine nach dem Münchener Verfahren arbeitende Brauerei Hefe aus Pilsen einführt. Dieses weifs ein jeder kundige Brauer, und auf dem Gebiete des Brauwesens liefs es sich daher kaum denken, dafs solche übertriebene Behauptungen wie die von Rommier und seinen Anhängern aufgestellten vorgebracht werden könnten. Widerlegungen sind denn auch nicht ausgeblieben, und in diesen sind nun einige der Gegner wiederum zu weit nach der entgegengesetzten Seite hin gegangen. Es ist ein grofser Mangel bei den meisten der Autoren, welche in den letzten Jahren über die Weingärung geschrieben haben, dafs sie sich nur in oberflächlicher Weise mit den über die Biergärung vorliegenden Untersuchungen bekannt gemacht haben; denn diese bilden doch die Grundlage, und auf diesem Gebiete sind die gröfsten Fortschritte gemacht worden.

Im J. 1890 sind zwei andere Franzosen, Martinand und Rietsch, mit Untersuchungen aufgetreten, welche sich den oben erwähnten Marx'schen genau anschliefsen; Reinkulturen stellten sie auf die nämliche Weise wie der letztgenannte Forscher dar. Sie haben in Marseille eine Anstalt zur Versorgung der Praktiker mit reingezüchteter Weinhefe von ausgewählten Rassen errichtet. 1891 hat Jacquemin im Verein mit Marx eine ähnliche Anstalt in Le Locle eröffnet.

Das Verdienst, den ersten Schritt gethan zu haben um die Weingärung in Deutschland in ein rationelleres Geleise zu bringen, gebührt Prof. Dr. Müller-Thurgau. Er war damals Direktor der pflanzenphysiologischen Versuchsstation in Geisenheim am Rhein. Ein Bericht über seine Arbeiten auf diesem Gebiete findet sich in der in Mainz erscheinenden Zeitschrift „Weinbau und Weinhandel". Im J. 1889 hatten einige Weinbauer in dieser Gegend auf seinen Vorschlag hin eine Portion der gesunden, unbeschädigten, mithin auch schimmelfreien Trauben ausgesondert und den mit ihnen hergestellten Most in gewöhnlicher Weise in Gärung gebracht. Diesen gärenden Most verwendeten sie dann als Anstellhefe für den übrigen Most. Es bezeichnete dies schon einen Fortschritt. Im Herbste 1890 wurden die ersten Versuche mit einer reingezüchteten Hefe angestellt, und zwar mit einer Art, welche Müller-Thurgau aus dem „Steinberger" Wein ausgeschieden hatte. Dieselbe gab eine gute Gärung, und Herr Schlegel, der Bericht darüber erstattet, fordert darum dazu auf, mehrere Proben damit in der Praxis anzustellen. Betreffend das Bouquet des Weines hat Müller-Thurgau in scharfem Gegensatze zu den französischen Forschern die Auffassung, dafs derselbe gar nicht durch die Hefenart oder Rasse, mit welcher die Gärung angestellt wird, sondern lediglich durch die Traube selbst bedingt sei. In einem Schreiben, welches er im Dezember 1891 die Güte hatte, mir zu senden, spricht er sich folgendermafsen aus: „Angeregt durch Ihre Schriften habe ich in Deutschland zuerst ausgedehnte Untersuchungen bezüglich Reingärung der Weine angestellt und darauf gestützt in der Praxis in grofsem Mafsstabe Weingärungen mit einer zu diesem Zwecke ausgesuchten, rein kultivierten Hefenrasse veranlafst. Obgleich wir aus technischen Gründen vorläufig verhindert waren, dabei eigentliche Reingärungen durchzuführen, sind die Erfolge doch ganz bedeutende". Es wurden Reinkulturen dem gewöhnlichen Traubenmost zugesetzt.

Im J. 1892 gab Prof. Dr. Wortmann, Müller-Thurgau's Nachfolger in Geisenheim, eine Abhandlung über die Vergärung des Traubenmostes mit reingezüchteten Hefenarten heraus; sie erschien in der obengenannten Zeitschrift Nr. 23. Er betont hierin stark, dafs die bislang angewendete Methode der Vergärung des Weintraubenmostes eine ganz rohe sei, indem es dem Zufall überlassen bleibe, ob eine gute Gärung eintreten werde oder nicht. Er weist danach auf die verschiedenen Gefahren hin, welchen der Wein so ausgesetzt wird, und empfiehlt dringend die Einführung solcher reingezüchteter Hefenrassen, von welchen im voraus bekannt ist, dafs sie ein günstiges Resultat geben. Nur in dieser Weise könne man, wie dies in der Bierbrauerei geschehen ist, sich ein gutes Produkt sichern. „Wir erhalten", sagt er ferner, „wenn wir den gleichen Most mit verschiedenen Hefenrassen vergären lassen, auch verschiedene Produkte, die um so ungleicher ausfallen werden, je verschiedener die angewendeten Hefenrassen in ihren Eigenschaften und Lebensgewohnheiten waren". Dennoch vertritt er die Ansicht, dafs der Charakter des Weines nie ausschliefslich von der betreffenden Hefenart bedingt sei, sondern ganz bestimmt und in erster Linie von den Eigenschaften des Mostes abhänge. Wortmann ist also für den Wein zum gleichen Resultat gelangt, welches ich durch meine Untersuchungen auf dem Gebiete des Brauwesens erzielte. Die Hefenarten machen ihren Einflufs hinsichtlich des Geschmackes, Bouquets und der ganzen Beschaffenheit des Weines geltend; allein man geht zu weit, wenn man etwa glaubt, dafs aus einem ordinären Moste ein feiner Wein erzielt werden könne, wenn man nur die Gärung von der Hefe des feinen Weines ausführen lasse. Im Gegensatze zu den französischen Forschern betont er, dafs der hauptsächlichste Vorteil, welchen man durch die Anwendung reingezüchteter Hefe erzielen könne, in der dadurch erlangten gröfseren Sicherheit bestehe. Wortmanns Abhandlung ist mit grofser Klarheit geschrieben und gibt die beste Übersicht über den Standpunkt, den die Entwickelung derzeit erreicht hat. Am Schlusse teilt er mit, dafs in der ihm unterstellten Versuchsstation bereits eine Reihe von Heferassen aus den verschiedensten Gegenden in Reinkultur gezüchtet sind, und dafs eine Liste der erhaltenen Formen, nebst Angabe ihrer speziellen Eigenschaften veröffentlicht werden wird, um es dem Praktiker zu ermöglichen, unter diesen verschiedenen Weinhefen seine Auswahl zu treffen und damit Versuche zu machen.

Auch italienische Chemiker und Physiologen haben in der jüngsten Zeit der Reinzuchtfrage ihre Aufmerksamkeit zugewendet. Untersuchungen nach dieser Richtung hin liegen namentlich von Forti und Pichi vor.

Wir werden demnächst sehen, wie die Verhältnisse sich in der Obstweinfabrikation gestalten. Im J. 1890 gab der Franzose Kayser eine Mitteilung über einige von ihm mit Apfelmost gemachten Versuche. Er verwendete hiezu sieben Hefenarten, teils jede für sich allein, teils auch in Mischungen, und richtete seine Versuche derart ein, daſs sie den praktischen Verhältnissen möglichst gleichkamen. Die Hefenarten waren aus verschiedenen französischen Fruchtweinen (cidres) ausgeschieden. Es zeigte sich, daſs einige von ihnen ein gutes Produkt gaben, andere dagegen nicht, und daſs man durch Anwendung einer nur aus einer einzigen Art bestehenden Anstellhefe einen guten Fruchtwein erhalten konnte.

Der Erste jedoch, welcher auf diesem Gebiete Versuche in der Praxis selbst vorgenommen hat, ist Dr. Nathan in Rottweil. Den bezüglichen Bericht hat er in der Zeitschrift „Der Obstbau", Stuttgart 1891 und 1892, veröffentlicht. Nathan ist nicht Theoretiker allein, sondern zugleich ein angesehener Praktiker mit viel Erfahrung in diesem Gebiete. Die Versuche wurden in sehr groſsem Maſsstabe ausgeführt und haben deshalb um so gröſsere Bedeutung. Sie gaben das Resultat, daſs die Güte und der ganze Charakter des Fruchtweines in höherem Grade von der Hefenart, welche eine Hauptrolle während der Gärung spielt, als vom Moste bestimmt wird. „Wenn ich", schreibt er in seiner Abhandlung von 1892, „die 40 Gefäſse untersuchte, welche ich mit ein und demselben Most entweder aus Beeren oder aus Äpfeln oder Birnen gefüllt und danach mit je einer Hefenart oder Hefenrasse infiziert hatte, so unterschied sich das Gärprodukt zuweilen in einer solch auffallenden Weise, daſs kein Mensch daran denken würde, daſs man es hier mit ein und demselben Material zu thun hatte. — Während einzelne Weinheferassen z. B. dem Apfelmost einen ungemein weinähnlichen Geschmack wie Geruch zu verleihen vermochten, zeigten andere wieder, daſs sie den Apfelmost sehr wenig verändern konnten. — Manche gaben dem Most einen sehr unangenehmen Beigeschmack". Nathan fand weiter, daſs seine Hefenarten sich nicht nur dadurch von einander unterscheiden, daſs sie Fruchtweine von verschiedener Beschaffenheit geben, sondern daſs sie zugleich, wenn die Analyse nach dem von mir angegebenen Verfahren vorgenommen wird, gute biologische Charaktere aufweisen. Den zu seinen Versuchen verwendeten Most zum groſsen Teil keimfrei zu machen, gelang ihm, indem er denselben durch eine Zentrifuge von Berghs Konstruktion passieren lieſs.

Das Resultat war kurz ein so günstiges, daſs der Herr Geheime Kommerzienrat Duttenhofer, Besitzer der Anstalt für Fruchtweinbereitung, deren technischer Leiter Dr. Nathan ist, den letzteren aufgefordert hat, das Hefenreinzuchtsystem in dem ganzen Betrieb einzuführen. Zur Förderung der Fruchtweinbereitung in Württemberg hat Herr Duttenhofer zugleich Sorge getragen, dafs den Praktikern gute Hefenrassen in reingezüchtetem Zustande von seiner Anstalt billig geliefert werden können. „Die Hefereinkultur", schreibt Nathan, „ist ganz dazu angethan, eine gewaltige Umwälzung auf dem Gebiete der Fruchtweinbereitung zu verursachen und dieselbe zu einem blühenden Industriezweige zu erheben".

In Dänemark ist in der jüngsten Zeit auch ein Anfang gemacht worden, indem Aug. Andersens Fruchtweinfabrik in Slagelse mit bestem Erfolg mit einer aus Alfred Jörgensens Laboratorium bezogenen reingezüchteten Hefenrasse arbeitet.

## 6. Rückblick und Schlufsbemerkungen.

Im Laufe der nach meinen ersten praktischen Versuchen in der Brauerei Alt-Carlsberg verflossenen neun Jahre hat mein Hefenreinzucht-System, wie aus dem Obenstehenden hervorgeht, eine weite Verbreitung gewonnen. Dasselbe ist jetzt in allen Zweigen der grofsen Industrie, in der eine Züchtung von Alkoholhefenpilzen vorgenommen wird, aufgenommen worden, und es hat in allen Ländern Anhänger gewonnen; mehrere meiner vorherigen Gegner sind als kräftige Verteidiger desselben aufgetreten. Welch ein Unterschied zwischen jetzt und damals, als der Anfang gemacht wurde!

Prof. Aubry in München, einer der Zymotechniker, welche zuerst für meine Reformbestrebungen' eintrat, bemerkt hierüber in einer Mitteilung von 1891: „Es war allerdings keine leichte Aufgabe, damals (im Jahre 1884) eine Sache zu vertreten, über welche angesehene Vertreter der Zymotechnik nicht nur die Achsel zuckten, sondern offen und energisch Krieg führten und den Brauer dadurch von dieser Neuerung abtrünnig machten, ja, noch mehr, es wurden Mifserfolge, welche bei besserer Sachkenntnis leicht als unwesentlich und aus anderen Ursachen natürlich erklärt werden konnten, gegen die Reinhefe in's Feld geführt. Nur das Bewufstsein, einen Erfolg für die Brauerei in gewisse Aussicht stellen zu können, liefs unter solchen Umständen den Schreiber dieses unerschüttert an der guten Sache weiter arbeiten, und es ist, nicht ohne schwere Mühe gelungen, endlich durchzudringen".

Während Aubry auf den Kampf hinweist, den die Reform zu bestehen hatte, so verweilt Alfred Jörgensen in der dritten Ausgabe seines Buches „Die Mikroorganismen der Gärungsindustrie" dagegen bei dem Beifalle, den meine Arbeiten nach und nach in der Literatur fanden. Meine Sache hat in der That bis auf die jüngste Zeit sehr verschiedene Wechselfälle des Schicksals erfahren, ist jedoch, obschon oft im starken Wellengang, immer vorwärts geschritten. Im Anbeginn wurde ihr starker

Widerstand entgegen gestellt, aber hervorragende Fachgenossen halfen mir, denselben zu überwinden. Bei einer anderen Gelegenheit habe ich meinen aufrichtigen Dank hierfür ausgesprochen, den ich auch hier noch wiederhole.

Nach dem Fortgange, den das Hefenreinzuchtsystem gegenwärtig gemacht hat, wird es schwerlich ein zu dreister Gedanke genannt werden können, wenn ich glaube, man werde binnen einem Menschenalter soweit damit gediehen sein, dafs man die Schwierigkeiten kaum werde verstehen können, welche zur Zeit, als die Bahn gebrochen ward, meinen Bestrebungen entgegentraten. Das Ganze wird dann zunächst als etwas sich von selbst Ergebendes dastehen, wie das seit Jahrhunderten mit der Züchtung der höheren Pflanzen im Garten- und Ackerbau der Fall gewesen ist. In Wirklichkeit ist ja das zu Grund liegende Prinzip das gleiche, nur die Methoden, die Technik sind andere. Die junge Wissenschaft von den Mikroorganismen ist eine Entwickelungsprofs der älteren biologischen Wissenschaft von den höheren Organismen. Manchem der Probleme der Mikrobiologie, welches erst die Neuzeit in Angriff genommen hat, wurde in der Lehre von den höheren Pflanzen schon längst eine ausführliche Behandlung zuteil.

Unter den Fabrikationen, in welchen die alkoholische Gärung verwendet wird, bietet die Bereitung untergäriger Biere die einfachsten Verhältnisse in betreff der Gärung; es ist hier leichter als anderwärts, diese zu beherrschen. Eine natürliche Folge hiervon ist es, dafs die Reinzucht planmäfsig ausgewählter Arten und Rassen auch zuerst in dieser Fabrikation eingeführt werden mufste, was wiederum zur Einführung von Apparaten zur Reinigung der Luft und zur Abkühlung und Lüftung der siedendheifsen, sterilen Würze beim Ausschlufs der unreinen Luft Veranlassung gab. In den Untergärungsbrauereien wurde überdies mit der Hefenreinzucht nicht nur der erste Anfang gemacht, sondern dieselbe hat hier auch eine gröfsere Vervollkommnung als auf irgend einem anderen Gebiete erreicht. Die hier gemachten Erfahrungen wurden demnach naturgemäfs den Versuchen zu Grunde gelegt, welche in dieser Richtung in den anderen Zweigen der Gärungsindustrie angestellt wurden.

Die Fabrikation untergäriger Biere ist mit der Bereitung der obergärigen so nahe verwandt, dafs der Schritt, den das neue System zu thun hatte um von der einen zur anderen dieser Fabrikationen zu gelangen, schnell gethan war. Die kleinen Abänderungen, um welche es sich hier handelte, namentlich betreffs der Konstruktion des Vermehrungsapparates, wurden von A. Jörgensen, Kokosinski, Jensen und Van Laer ausgeführt.

Die Spiritus- und Prefshefenfabrikation sowie die Bereitung von Trauben- und Fruchtweinen sind diejenigen Zweige der Gärungsindustrie, welche ihrer Natur gemäfs zuletzt in die neue Bahn gelangen mufsten. Die Arbeitsweise ist hier von der in den Untergärungs-Brauereien angewendeten ganz verschieden; auch sind die Maische und der Most gemeinlich in höherem Grade infiziert als die Würze in den Brauereien, selbst wenn diese die offenen Kühlschiffe verwenden. Dessenungeachtet zeigt die Erfahrung auch in jenen Fabrikationen, dafs eine kräftige Reinkultur einer guten Hefenrasse in den weitaus meisten Fällen die vorhandenen Konkurrenten bewältigen und mithin unter diesen Umständen ebenfalls eine genügend reine Gärung von der gewünschten Beschaffenheit geben wird. Wie oben angeführt, haben Marx in der Traubenweingärung und Nathan in der Fruchtweingärung auch Versuche angestellt, den Most zu sterilisieren.

Die Untersuchungen über die Alkoholgärungspilze haben auch auf andere Industriezweige eingewirkt, wenngleich nur in indirekter Weise. In dem von Prof. Dr. Weigmann bei der Eröffnung der milchwirtschaftlichen Versuchsstation in Kiel gehaltenen Vortrage („Der Zweck und die Aufgaben der bakteriologischen Abteilung der milchwirtschaftlichen Versuchsstation in Kiel." Beilage zur Milch-Zeitung 1889 Nr. 40) verweist er auf die praktischen Resultate, welche das Hefenreinzucht-System dem Brauwesen geleistet hat, und er bezeichnet es als eine Aufgabe der Milchwirtschaft, für die Punkte, wo eine Gärung stattfindet, ein ähnliches Ziel anzustreben. Es handelt sich hier namentlich um die Fragen betreffs der Säuerung des Rahmes und betreffs der der Butter und der Milch anhaftenden Fehler, sowie bezüglich des Reifens des Käses. Weigmann hat wichtige Beiträge zur Lösung dieser Fragen gegeben; von seinem Laboratorium sind viele deutsche Meiereien bereits mit Reinkulturen einer zur Säuerung des Rahmes erfolgreich angewendeten Bakterienart versehen worden.

In Dänemark hat Prof. Storch bedeutsame Untersuchungen nach denselben Richtungen hin veröffentlicht, und die Herren Laboratoriumsdirektoren Quist und Zoffmann haben mehrere skandinavische Meiereien mit ähnlichen Reinkulturen wie die Weigmannschen versehen. In Österreich hat namentlich Prof. Dr. Adametz diese Sache in die Hand genommen. An dieser Stelle sind gleichfalls die in theoretischer Hinsicht wichtigen Vorarbeiten von Duclaux und Hueppe hervorzuheben.

Auch auf dem Gebiete der Tabakfabrikation beginnt man nun, dasselbe Prinzip in Anwendung zu bringen. Nach vollendetem Einernten der Tabakblätter werden dieselben in dicken Schichten zum langsamen Trocknen in das Lager gelegt. Hier tritt eine von Bakterien hervorgerufene Gärung ein, die den Geschmack und Geruch des Tabaks verändert. Dr. Suchsland in Halle hat im Jahre 1892 nachgewiesen, dafs es möglich ist, dem ordinären deutschen Tabak ein feineres Aroma und einen milderen Geschmack beizubringen, wenn man Sorge trägt, dafs die genannte Gärung von gewissen, in dem Havanna-Tabak und in anderen feinen Sorten vorhandenen Bakterienarten ausgeführt wird. Suchsland verwendet hierzu eine Mischung von mehreren Arten. Auch zum Erzielen einiger in der Milchwirtschaft erwünschter Gärungen scheint ein Zusammenwirken mehrerer Arten notwendig zu sein. In allen den Fällen, in welchen man wie im Brauwesen die Gärung mit Hilfe einer einzigen Art durchführen kann, ist dieses natürlich als das Einfachste und Sicherste vorzuziehen.

Es unterliegt keinem Zweifel, dafs die übrigen mehr oder weniger auf einer Bakteriengärung beruhenden Gewerbszweige den obengenannten in der Nutzbarmachung des neuen Fortschrittes folgen werden. Sonderbar ist es, dafs in dieser Hinsicht noch kein Schritt von seiten der Essigfabrikation gethan worden ist.

Es ist nunmehr einem jeden Zymotechniker, welcher sich mit den Resultaten der neuzeitigen Forschung vertraut gemacht hat, klar, dafs das Ziel allerwärts, wo Gärungsorganismen benutzt werden, das gleiche sein mufs, nämlich von dem altherkömmlichen Verfahren, in dem der blinde Zufall herrschte, wegzukommen. Auf diesem ganzen Gebiete hat jetzt eine neue Aera begonnen.

August 1892.